电力监控系统网络空间安全
知识手册

高翔　梁程　段伟润　彭志超　编著

中国电力出版社
CHINA ELECTRIC POWER PRESS

图书在版编目（CIP）数据

电力监控系统网络空间安全知识手册 / 高翔等编著 . — 北京：中国电力出
版社，2023.10
ISBN 978-7-5198-8051-4

I. ①电… Ⅱ. ①高… Ⅲ. ①电力监控系统－安全防护－手册
Ⅳ. ① TM73-62

中国国家版本馆 CIP 数据核字（2023）第 152616 号

出版发行：中国电力出版社
地　　址：北京市东城区北京站西街 19 号（邮政编码 100005）
网　　址：http://www.cepp.sgcc.com.cn
责任编辑：丁　钊（010-63412393）
责任校对：黄　蓓　马　宁
装帧设计：王红柳
责任印制：杨晓东

印　　刷：三河市万龙印装有限公司
版　　次：2023 年 10 月第一版
印　　次：2023 年 10 月北京第一次印刷
开　　本：880 毫米 ×1230 毫米　32 开本
印　　张：3.25
字　　数：78 千字
定　　价：38.00 元

前言

近年来，针对电力设施的网络攻击频发，电网已经成为网络战的重点关注目标。在数字革命与能源革命相融并进趋势下，新技术应用带来的复杂业务场景给网络安全防御带来更大的安全挑战。此外，人防的"木桶效应"逐渐成为潜入电网安全堡垒更高效的手段。

本书旨在从思想上增强网络安全从业人员的安全防范意识，营造浓厚的网络安全氛围，并聚焦网络安全本质，即人与人之间的对抗。本书从国家法律法规、行业规章制度、新技术的"赋能"效应等方面，为电力监控网络安全从业人员普及安全防护知识，增强人员的素质培养和专业知识储备，不断提高网络安全防护总体水平。

本书第 1 章重点介绍《中华人民共和国网络安全法》（以卜简称《网络安全法》），该法是我国网络领域的第一部法律，既是网络安全基本法，为下位法以及网络安全领域的其他专门立法确立了基本法律原则、基本法律制度，也是各部门、各行业、各企业和上网用户维护网络安全和自身合法权益的主要法律保障。第 2 章重点介绍现行网络安全等级保护制度，从背景、政策法规、具体条款等角度全面解读网络安全等级保护基本要求，指导网络安全从业人员开展相关工作。第 3 章概述电力监控系统安全防护面临的挑战和现状，从攻破目标系统的角度，总结网络攻击的一般流程，并分析了电力系统网络攻击典型案例，形象展示了一场没有"硝烟"的战争。第 4 章梳理了实际电力监控工作中可能存在的薄弱环节和管控要点，明确工作规范，提升安全防护水平。第 5 章普及渗透测试知识和网络安全作业"十禁止"要求，梳理人工智能对网络安全防护的影响，期待人工智能技术有效融入安全产品，开启网络安全人工智能新时代。

目录

CHAPTER 1

《网络安全法》这些内容你要懂

1.1 《网络安全法》出台的重大意义

《网络安全法》由中华人民共和国第十二届全国人民代表大会常务委员会第二十四次会议于 2016 年 11 月 7 日通过，自 2017 年 6 月 1 日起实施。

（1）基本法。《网络安全法》属于国家基本法律，是我国实施网络空间管辖的首部法律，奠定了网络安全法制体系的重要基础。

（2）法律依据。《网络安全法》是《国家安全法》在网络安全领域的体现和延伸，为我国维护网络主权、国家安全提供了最主要的法律依据。

（3）制度保障。《网络安全法》明确提出了有关国家网络空间安全战略和重要领域安全规划等问题，为实现网络强国宏伟目标提供坚实有效的制度保障。

（4）贯彻落实依法治国精神。《网络安全法》开启依法治网的崭新局面，以法治谋求网治的长治久安。

（5）普遍遵守的法律准则。《网络安全法》对网络产品和服务提供者的安全义务有了明确的规定，任何为个人利益触碰法律底线的行为都将受到法律的制裁。

（6）助力网络空间治理。国家网络空间的治理能力将在法律的框架下得到大幅提升，营造出良好和谐的网络环境。

1.2 《网络安全法》主要内容

《网络安全法》全文共 7 章 79 条，结构如图 1-1 所示。

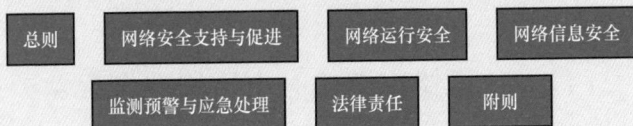

| 总则 | 网络安全支持与促进 | 网络运行安全 | 网络信息安全 |

| 监测预警与应急处理 | 法律责任 | 附则 |

图 1-1 《网络安全法》7 章内容

除法律责任及附则外，根据适用对象，可将各条款分为六大类，如图 1-2 所示。

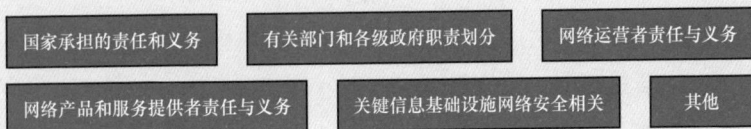

| 国家承担的责任和义务 | 有关部门和各级政府职责划分 | 网络运营者责任与义务 |

| 网络产品和服务提供者责任与义务 | 关键信息基础设施网络安全相关 | 其他 |

图 1-2 《网络安全法》的结构

1.2.1 国家承担的责任和义务

（1）网络安全工作基本原则。**第三条** 国家坚持网络安全与信息化发展并重，遵循积极利用、科学发展、依法管理、确保安全的方针，推进网络基础设施建设和互联互通，鼓励网络技术创新和应用，支持培养网络安全人才，建立健全网络安全保障体系，提高网络安全保护能力。

（2）国家网络安全战略。**第四条** 国家制定并不断完善网络安全战略，明确保障网络安全的基本要求和主要目标，提出重点领域的网络安全政策、工作任务和措施。

（3）国家维护网络安全的主要任务。**第五条** 国家采取措施，监测、防御、处置来源于中华人民共和国境内外的网络安全风险和威胁，保护关键信息基础设施免受攻击、侵入、干扰和破坏，依法惩治网络违法犯罪活动，维护网络空间安全和秩序。

（4）网络安全的社会参与。**第六条** 国家倡导诚实守信、健康文明的网络行为，推动传播社会主义核心价值观，采取措施提高全社会的网络安全意识和水平，形成全社会共同参与促进网络安全的良好环境。

（5）网络安全国际合作。**第七条** 国家积极开展网络空间治理、网络技术研发和标准制定、打击网络违法犯罪等方面的国际交流与合作，推动构建和平、安全、开放、合作的网络空间，建立多边、民主、透明的网络治理体系。

（6）网络活动参与者的权利和义务。**第十二条** 国家保护公民、法人和其他组织依法使用网络的权利。促进网络接入普及，提升网络服务水平，为社会提供安全、便利的网络服务，保障网络信息依法有序自由流动。

任何个人和组织使用网络应当遵守宪法法律，遵守公共秩序，尊重社会公德，不得危害网络安全，不得利用网络从事危害国家安全、荣誉和利益，煽动颠覆国家政权、推翻社会主义制度，煽动分裂国家、破坏国家统一，宣扬恐怖主义、极端主义，宣扬民族仇恨、民族歧视，传播暴力、淫秽色情信息，编造、传播虚假信息扰乱经济秩序和社会秩序，以及侵害他人名誉、隐私、知识产权和其他合法权益等活动。

（7）未成年人网络保护。**第十三条** 国家支持研究开发有利于未成年人健康成长的网络产品和服务，依法惩治利用网络从事危害未成年人身心健康的活动，为未成年人提供安全、健康的网络环境。

（8）网络安全标准。**第十五条** 国家建立和完善网络安全标准体系。国务院标准化行政主管部门和国务院其他有关部门根据各自的职责，组织制定并适时修订有关网络安全管理以及网络产品、服务和运行安全的国家标准、行业标准。

国家支持企业、研究机构、高等学校、网络相关行业组织参与网络安全国家标准、行业标准的制定。

（9）网络安全社会化服务体系建设。**第十七条** 国家推进网络安全社会化服务体系建设，鼓励有关企业、机构开展网络安全认证、检测和风险评估等安全服务。

（10）促进数据资源开发利用。**第十八条** 国家鼓励开发网络数据安全保护和利用技术，促进公共数据资源开放，推动技术创新和经济社会发展。

国家支持创新网络安全管理方式，运用网络新技术，提升网络安全保护水平。

（11）网络安全人才培养。**第二十条** 国家支持企业和高等学校、职业学校等教育培训机构开展网络安全相关教育与培训，采取多种方式培养网络安全人才，促进网络安全人才交流。

（12）网络安全等级保护制度。**第二十一条** 国家实行网络安全等级保护制度。网络运营者应当按照网络安全等级保护制度的要求，履行下列安全保护义务，保障网络免受干扰、破坏或者未经授权的访问，防止网络数据泄露或者被窃取、篡改。

（一）制定内部安全管理制度和操作规程，确定网络安全负责人，落实网络安全保护责任；

（二）采取防范计算机病毒和网络攻击、网络侵入等危害网络安全行为的技术措施；

（三）采取监测、记录网络运行状态、网络安全事件的技术措施，并按照规定留存相关的网络日志不少于六个月；

（四）采取数据分类、重要数据备份和加密等措施；

（五）法律、行政法规规定的其他义务。

（13）网络安全风险的合作应对。**第二十九条** 国家支持网络运营者之间在网络安全信息收集、分析、通报和应急处置等方面进行合作，提高网络运营者的安全保障能力。

有关行业组织建立健全本行业的网络安全保护规范和协作机制，加强对网络安全风险的分析评估，定期向会员进行风险警示，支持、协助会员应对网络安全风险。

（14）国家网络安全监测预警和信息通报制度。**第五十一条** 国家建立网络安全监测预警和信息通报制度。国家网信部门应当统筹协调有关部门加强网络安全信息收集、分析和通报工作，按照规定统一发布网络安全监测预警信息。

1.2.2 有关部门和各级政府职责划分

（1）网络安全监督管理体制。**第八条** 国家网信部门负责统筹协调网络安全工作和相关监督管理工作。国务院电信主管部门、公安部门和其他有关机关依照本法和有关法律、行政法规的规定，在各自职责范围内负责网络安全保护和监督管理工作。

县级以上地方人民政府有关部门的网络安全保护和监督管理职责，按照国家有关规定确定。

（2）促进网络安全技术和产业发展。**第十六条** 国务院和省、自治区、直辖市人民政府应当统筹规划，加大投入，扶持重点网络安全技术产业和项目，支持网络安全技术的研究开发和应用，推广安全可信的网络产品和服务，保护网络技术知识产权，支持企业、研究机构和高等学校等参与国家网络安全技术创新项目。

（3）网络安全宣传教育。**第十九条** 各级人民政府及其有关部门应当组织开展经常性的网络安全宣传教育，并指导、督促有关单位做好网络安全宣传教育工作。

大众传播媒介应当有针对性地面向社会进行网络安全宣传教育。

（4）执法信息用途限制。**第三十条** 网信部门和有关部门在履行网络安全保护职责中获取的信息，只能用于维护网络安全的需要，不得用于其他用途。

（5）监督管理部门的保密义务。**第四十五条** 依法负有网络安全监督管理职责的部门及其工作人员，必须对在履行职责中知悉的个人信息、隐私和商业秘密严格保密，不得泄露、出售或者非法向他人提供。

（6）监督管理部门对违法信息的处置。**第五十条** 国家网信部门和有关部门依法履行网络信息安全监督管理职责，发现法律、行政法规禁止发布或者传输的信息的，应当要求网络运营者停止传输，采取消除等处置措施，保存有关记录；对来源于中华人民共和国境外的上述信息，应当通知有关机构采取技术措施和其他必要措施阻断传播。

（7）关键信息基础设施的安全监测预警和信息通报。**第五十二条** 负责关键信息基础设施安全保护工作的部门，应当建立健全本行业、本领域的网络安全监测预警和信息通报制度，并按照规定报送网络安全监测预警信息。

（8）网络安全事件应急预案。**第五十三条** 国家网信部门协调有关部门建立健全网络安全风险评估和应急工作机制，制定网络安全事件应急预案，并定期组织演练。

负责关键信息基础设施安全保护工作的部门应当制定本行业、本领域的网络安全事件应急预案，并定期组织演练。

网络安全事件应急预案应当按照事件发生后的危害程度、影响范围等因素对网络安全事件进行分级，并规定相应的应急处置措施。

（9）网络安全风险预警。**第五十四条** 网络安全事件发生的风险增大时，省级以上人民政府有关部门应当按照规定的权限和程序，并根据网络安全风险的特点和可能造成的危害，采取下列措施：

（一）要求有关部门、机构和人员及时收集、报告有关信息，加强对网络安全风险的监测；

（二）组织有关部门、机构和专业人员，对网络安全风险信息进行分析评估，预测事件发生的可能性、影响范围和危害程度；

（三）向社会发布网络安全风险预警，发布避免、减轻危害的措施。

（10）约谈制度。**第五十六条** 省级以上人民政府有关部门在履行网络安全监督管理职责中，发现网络存在较大安全风险或者发生安全事件的，可以按照规定的权限和程序对该网络的运营者的法定代表人或者主要负责人进行约谈。网络运营者应当按照要求采取措施，进行整改，消除隐患。

（11）网络通信临时限制措施。**第五十八条** 因维护国家安全和社会公共秩序，处置重大突发社会安全事件的需要，经国务院决定或者批准，可以在特定区域对网络通信采取限制等临时措施。

1.2.3 网络运营者责任与义务

（1）网络运营者的基本义务。**第九条** 网络运营者开展经营和服务活动，必须遵守法律、行政法规，尊重社会公德，遵守商业道德，诚实信用，履行网络安全保护义务，接受政府和社会的监督，承担社会责任。

（2）维护网络安全的总体要求。**第十条** 建设、运营网络或者通过网络提供服务，应当依照法律、行政法规的规定和国家标准的强制性要求，采取技术措施和其他必要措施，保障网络安全、稳定运行，有效应对网络安全事件，防范网络违法犯罪活动，维护网络数据的完整性、保密性和可用性。

（3）网络用户身份管理制度。**第二十四条**　网络运营者为用户办理网络接入、域名注册服务，办理固定电话、移动电话等入网手续，或者为用户提供信息发布、即时通信等服务，在与用户签订协议或者确认提供服务时，应当要求用户提供真实身份信息。用户不提供真实身份信息的，网络运营者不得为其提供相关服务。

国家实施网络可信身份战略，支持研究开发安全、方便的电子身份认证技术，推动不同电子身份认证之间的互认。

（4）网络运营者的应急处置措施。**第二十五条**　网络运营者应当制定网络安全事件应急预案，及时处置系统漏洞、计算机病毒、网络攻击、网络侵入等安全风险；在发生危害网络安全的事件时，立即启动应急预案，采取相应的补救措施，并按照规定向有关主管部门报告。

（5）网络运营者的技术支持和协助义务。**第二十八条**　网络运营者应当为公安机关、国家安全机关依法维护国家安全和侦查犯罪的活动提供技术支持和协助。

（6）建立用户信息保护制度。**第四十条**　网络运营者应当对其收集的用户信息严格保密，并建立健全用户信息保护制度。

（7）个人信息收集使用规则。**第四十一条**　网络运营者收集、使用个人信息，应当遵循合法、正当、必要的原则，公开收集、使用规则，明示收集、使用信息的目的、方式和范围，并经被收集者同意。

网络运营者不得收集与其提供的服务无关的个人信息，不得违反法律、行政法规的规定和双方的约定收集、使用个人信息，并应当依照法律、行政法规的规定和与用户的约定，处理其保存的个人信息。

（8）网络运营者的个人信息保护义务。**第四十二条**　网络运营者不得泄露、篡改、毁损其收集的个人信息；未经被收集者同意，不得向他人提供个人信息。但是，经过处理无法识别特定个人且不能复原的除外。

网络运营者应当采取技术措施和其他必要措施，确保其收集的个人信息安全，防止信息泄露、毁损、丢失。在发生或者可能发生个人信息泄露、毁损、丢失的情况时，应当立即采取补救措施，按照规定及时告知用户并向有关主管部门报告。

（9）网络运营者处置违法信息的义务。**第四十七条**　网络运营者应当加强对其用户发布的信息的管理，发现法律、行政法规禁止发布或者传输的信息的，应当立即停止传输该信息，采取消除等处置措施，防止信息扩散，保存有关记录，并向有关主管部门报告。

（10）投诉举报及配合监督检查的义务。**第四十九条**　网络运营者应当建立网络信息安全投诉、举报制度，公布投诉、举报方式等信息，及时受理并处理有关网络信息安全的投诉和举报。

网络运营者对网信部门和有关部门依法实施的监督检查，应当予以配合。

1.2.4　网络产品和服务提供者责任与义务

（1）网络产品和服务提供者的安全义务。**第二十二条**　网络产品、服务应当符合相关国家标准的强制性要求。网络产品、服务的提供者不得设置恶意程序；发现其网络产品、服务存在安全缺陷、漏洞等风险时，应当立即采取补救措施，按照规定及时告知用户并向有关主管部门报告。

网络产品、服务的提供者应当为其产品、服务持续提供安全维护；在规定或者当事人约定的期限内，不得终止提供安全维护。

网络产品、服务具有收集用户信息功能的，其提供者应当向用户明示并取得同意；涉及用户个人信息的，还应当遵守本法和有关法律、行政法规关于个人信息保护的规定。

（2）网络关键设备和安全专用产品的认证检测。**第二十三条** 网络关键设备和网络安全专用产品应当按照相关国家标准的强制性要求，由具备资格的机构安全认证合格或者安全检测符合要求后，方可销售或者提供。国家网信部门会同国务院有关部门制定、公布网络关键设备和网络安全专用产品目录，并推动安全认证和安全检测结果互认，避免重复认证、检测。

（3）网络安全服务活动的规范。**第二十六条** 开展网络安全认证、检测、风险评估等活动，向社会发布系统漏洞、计算机病毒、网络攻击、网络侵入等网络安全信息，应当遵守国家有关规定。

（4）禁止危害网络安全的行为。**第二十七条** 任何个人和组织不得从事非法侵入他人网络、干扰他人网络正常功能、窃取网络数据等危害网络安全的活动；不得提供专门用于从事侵入网络、干扰网络正常功能及防护措施、窃取网络数据等危害网络安全活动的程序、工具；明知他人从事危害网络安全活动的，不得为其提供技术支持、广告推广、支付结算等帮助。

1.2.5 关键信息基础设施网络安全

（1）关键信息基础设施保护制度。**第三十一条** 国家对公共通信和信息服务、能源、交通、水利、金融、公共服务、电子政务等重要行业和领域，以及其他一旦遭到破坏、丧失功能或者数据泄露，可能严重危害国家安全、国计民生、公共利益的关键信息基础设施，在网络安全等级保护制度的基础上，实行重点保护。关键信息基础设施的具体范围和安全保护办法由国务院制定。

国家鼓励关键信息基础设施以外的网络运营者自愿参与关键信

息基础设施保护体系。

（2）关键信息基础设施保护工作部门的职责。**第三十二条** 按照国务院规定的职责分工，负责关键信息基础设施安全保护工作的部门分别编制并组织实施本行业、本领域的关键信息基础设施安全规划，指导和监督关键信息基础设施运行安全保护工作。

（3）关键信息基础设施建设的安全要求。**第三十三条** 建设关键信息基础设施应当确保其具有支持业务稳定、持续运行的性能，并保证安全技术措施同步规划、同步建设、同步使用。

（4）关键信息基础设施运营者的安全保护义务。**第三十四条** 除本法第二十一条的规定外，关键信息基础设施的运营者还应当履行下列安全保护义务：

（一）设置专门安全管理机构和安全管理负责人，并对该负责人和关键岗位的人员进行安全背景审查；

（二）定期对从业人员进行网络安全教育、技术培训和技能考核；

（三）对重要系统和数据库进行容灾备份；

（四）制定网络安全事件应急预案，并定期进行演练；

（五）法律、行政法规规定的其他义务。

（5）关键信息基础设施采购的国家安全审查。**第三十五条** 关键信息基础设施的运营者采购网络产品和服务，可能影响国家安全的，应当通过国家网信部门会同国务院有关部门组织的国家安全审查。

（6）关键信息基础设施采购的安全保密义务。**第三十六条** 关键信息基础设施的运营者采购网络产品和服务，应当按照规定与提供者签订安全保密协议，明确安全和保密义务与责任。

（7）关键信息基础设施数据的境内存储和对外提供。**第三十七条** 关键信息基础设施的运营者在中华人民共和国境内运营中收集和产生的个人信息和重要数据应当在境内存储。因业务需要，确需向境外提供的，应当按照国家网信部门会同国务院有关部门制定的办法进行安全评估；法律、行政法规另有规定的，依照其规定。

（8）关键信息基础设施的定期安全检测评估。**第三十八条** 关键信息基础设施的运营者应当自行或者委托网络安全服务机构对其网络的安全性和可能存在的风险每年至少进行一次检测评估，并将检测评估情况和改进措施报送相关负责关键信息基础设施安全保护工作的部门。

（9）关键信息基础设施保护的统筹协作机制。**第三十九条** 国家网信部门应当统筹协调有关部门对关键信息基础设施的安全保护采取下列措施：

（一）对关键信息基础设施的安全风险进行抽查检测，提出改进措施，必要时可以委托网络安全服务机构对网络存在的安全风险进行检测评估；

（二）定期组织关键信息基础设施的运营者进行网络安全应急演练，提高应对网络安全事件的水平和协同配合能力；

（三）促进有关部门、关键信息基础设施的运营者以及有关研究机构、网络安全服务机构等之间的网络安全信息共享；

（四）对网络安全事件的应急处置与网络功能恢复等，提供技术支持和协助。

1.2.6 其他

（1）立法目的。**第一条** 为了保障网络安全，维护网络空间主权和国家安全、社会公共利益，保护公民、法人和其他组织的合法权益，促进经济社会信息化健康发展，制定本法。

（2）调整范围。**第二条** 在中华人民共和国境内建设、运营、维护和使用网络，以及网络安全的监督管理，适用本法。

（3）网络安全行业自律。**第十一条**　网络相关行业组织按照章程，加强行业自律，制定网络安全行为规范，指导会员加强网络安全保护，提高网络安全保护水平，促进行业健康发展。

（4）危害网络安全行为的举报及处理。**第十四条**　任何个人和组织有权对危害网络安全的行为向网信、电信、公安等部门举报。收到举报的部门应当及时依法作出处理；不属于本部门职责的，应当及时移送有权处理的部门。

有关部门应当对举报人的相关信息予以保密，保护举报人的合法权益。

（5）个人信息的删除权和更正权。**第四十三条**　个人发现网络运营者违反法律、行政法规的规定或者双方的约定收集、使用其个人信息的，有权要求网络运营者删除其个人信息；发现网络运营者收集、存储的其个人信息有错误的，有权要求网络运营者予以更正。网络运营者应当采取措施予以删除或者更正。

（6）禁止非法获取、买卖、提供个人信息。**第四十四条**　任何个人和组织不得窃取或者以其他非法方式获取个人信息，不得非法出售或者非法向他人提供个人信息。

（7）禁止利用网络从事与违法犯罪相关的活动。**第四十六条**　任何个人和组织应当对其使用网络的行为负责，不得设立用于实施诈骗，传授犯罪方法，制作或者销售违禁物品、管制物品等违法犯罪活动的网站、通讯群组，不得利用网络发布涉及实施诈骗，制作或者销售违禁物品、管制物品以及其他违法犯罪活动的信息。

（8）电子信息和应用软件的信息安全要求及其提供者处置违法信息的义务。**第四十八条**　任何个人和组织发送的电子信息、提供的应用软件，不得设置恶意程序，不得含有法律、行政法规禁止发布或者传输的信息。

电子信息发送服务提供者和应用软件下载服务提供者，应当履行安全管理义务，知道其用户有前款规定行为的，应当停止提供服务，采取消除等处置措施，保存有关记录，并向有关主管部门报告。

（9）网络安全事件的应急处置。**第五十五条**　发生网络安全事件，应当立即启动网络安全事件应急预案，对网络安全事件进行调查和评估，要求网络运营者采取技术措施和其他必要措施，消除安全隐患，防止危害扩大，并及时向社会发布与公众有关的警示信息。

（10）突发事件和生产安全事故的处置。**第五十七条**　因网络安全事件，发生突发事件或者生产安全事故的，应当依照《中华人民共和国突发事件应对法》《中华人民共和国安全生产法》等有关法律、行政法规的规定处置。

1.3　《网络安全法》亮点

（1）明确了网络空间主权的原则。

（2）进一步完善了个人信息保护规则。

（3）明确了网络产品和服务提供者的安全义务。

（4）建立了关键信息基础设施安全保护制度。

（5）明确了网络运营者的安全义务。

1.4　这些不能做

（1）危害网络安全。

（2）为危害网络安全的活动提供工具及帮助。

（3）危害国家安全、荣誉和利益。

（4）煽动分裂国家、破坏国家统一。

（5）编造、传播虚假信息扰乱经济秩序和社会秩序。

（6）侵害他人名誉、隐私、知识产权。

（7）发布与违法犯罪有关的信息。

1.5　这些有权做

（1）享有依法使用网络的权利。

（2）对危害网络安全的行为可以举报。

（3）公民个人有信息删除权和更正权。

1.6　这些必须做

（1）机房等重要场所必须开启门禁系统。

（2）机柜等重要设施必须确保锁具常闭。

（3）主机等重要设备必须封堵未用接口。

（4）厂家等重要人员必须审查身份信息。

（5）运维等重要工作必须监控全程操作。

（6）禁止U盘等移动存储介质接入电力监控系统。

（7）禁止联网笔记本电脑运维电力监控系统设备。

（8）禁止安装远程软硬件设备运维电力监控系统。

（9）禁止随意粘贴放置用户名和密码等敏感信息。

（10）禁止使用生产大区设备为各式各类设备充电。

CHAPTER 2

网络安全等级保护 2.0 标准解读

2.1 概述

一、等保概念

网络安全等级保护是国家信息安全保障的基本制度、基本策略、基本方法。网络安全等级保护工作是对信息和信息载体按照重要性等级分级别进行保护的一种工作。

国家对网络安全等级保护工作运用法律和技术规范逐级加强监管力度，突出重点，保障重要信息资源和重要信息系统的安全。

国家信息安全保障工作的基本制度、基本国策。

开展信息安全工作的基本方法。

促进信息化、维护国家信息安全的根本保障。

二、背景

近年来，随着信息技术发展和各国信息安全政策的不断演变，网络安全形势日益严峻，网络攻击国家化的趋势明显，已成为政治、经济斗争的一种重要形式，同时攻击的针对性、持续性、隐蔽性显著增强，大大增加了网络安全防护难度。

（1）网络空间博弈加剧，呈现政治化、军事化趋势。

美国：成立了美军网络战司令部。

英国：设立了"网络安全行动中心"和网络安全办公室。

日本：组建了网络空间防卫队。

韩国：韩成立了"信息安全司令部"。

（2）网络安全成关注重点，关系国家核心安全利益。2013 年，"棱镜门"事件引爆了全球网络空间的连锁反应，国际社会对信息安全的重视程度陡然上升；2014 年至今，"伊斯兰国"（简称 ISIS）对世界各国发起网络攻击，造成诸多国家重要基础设施瘫痪。

（3）针对工控的网络攻击事件频发。以"震网"病毒、"火焰"病毒、"高斯"病毒为代表的新型间谍程序在伊朗、黎巴嫩等中东多国爆发。2015 年 12 月 23 日网络攻击导致乌克兰电网 SCADA 瘫痪，7 个 110kV 和 23 个 35kV 变电站停电。2019 年 3~4 月，委内瑞拉陆续发生大面积停电，疑似网络攻击。

（4）网络安全数据泄露事件屡见不鲜。2014 年 12 月，乌云平台爆出 12306 的用户资料大量泄露，包括用户账号、明文密码、身份证、邮箱等信息。2017 年 5 月 12 日勒索病毒攻击全球上百个国家。

面对日益复杂的网络安全形势，我国对网络安全的重视程度也不断提升。从党中央到国家相关部委在网络安全方面开展了密集的部署，积极推进重要领域网络安全防护建设，网络安全已上升到国家战略高度。

2014 年 2 月 27 日，习近平主席在《中央网络安全和信息化领导小组第一次会议上的讲话》中指出："网络安全和信息化是事关国家安全和国家发展、事关广大人民群众工作生活的重大战略问题""网络安全和信息化是一体之两翼、驱动之双轮""没有网络安全就没有国家安全，没有信息化就没有现代化。"

三、政策法规

1. 国家要求

（1）国家高度重视网络安全。

2014 年 2 月 27 日，中央网络安全和信息化领导小组成立

（2018年3月，改为中国共产党中央网络安全和信息化委员会）。

2016年11月7日，《中华人民共和国网络安全法》正式公布，规定"国家实行网络安全等级保护制度"，标志着网络安全等级保护制度的法律地位。

2016年12月27日，国家互联网信息办公室发布并实施《国家网络空间安全战略》，强调夯实网络安全基础，做好等级保护、风险评估、漏洞发现等基础性工作。

2018年6月27日，公安部发布《网络安全等级保护条例（征求意见稿）》正式进入等级保护2.0时代。

2019年10月26日，《中华人民共和国密码法》正式公布，规范密码应用和管理。

2021年4月27日，《关键信息基础设施安全保护条例》正式公布，保障关键信息基础设施安全。

2021年6月10日，《中华人民共和国数据安全法》正式公布，保障数据安全。

（2）国家部委积极推进网络安全工作。

国家发展改革委发布《电力监控系统安全防护规定》（2014第14号令）。

国家能源局印发《电力监控系统安全防护总体方案》等配套文件（国能安全〔2015〕36号文）。

国家发展改革委发布《电力可靠性管理办法（暂行）》（2022年第50号令）等级保护法规及标准。

1994年，《中华人民共和国计算机信息系统安全保护条例》（中华人民共和国国务院令147号）。

1999年，《计算机信息系统安全保护等级划分准则》GB 17859—1999。

2003年，中央办公厅、国务院办公厅转发《国家信息化领导小组关于加强信息安全保障工作的意见》（中办发〔2003〕27号）。

2004年，四部委联合签发《关于信息安全等级保护工作的实施意见》（公通字〔2004〕66号）。

2007年，四部委联合签发《信息安全等级保护管理办法》（公通字〔2007〕43号）。

2008年，《信息系统安全等级保护基本要求》GB/T 22239—2008、《信息系统安全等级保护定级指南》GB/T 22240—2008。

2010年，《信息系统安全等级保护实施指南》GB/T 25058—2010、《信息系统等级保护安全设计要求》GB/T 25070–2010。

2012年，《信息系统安全等级保护测评要求》GB/T 28448—2012、《信息系统安全等级保护测评过程指南》GB/T 28449—2012。

2019年5月10日，《网络安全等级保护基本要求》GB/T 22239—2019、《网络安全等级保护安全设计技术要求》GB/T 25070—2019、《网络安全等级保护测评要求》GB/T 28448—2019国家标准正式发布，2019年12月1日施行。

2. 电力行业等级保护

2007年，国家能源局（原电监会）印发《电力行业信息系统等级保护定级工作指导意见》（电监信息〔2007〕44号）。

2007年起，国家能源局（原电监会）印发《电力行业网络与信息安全监督管理暂行规定》《关于开展电力行业信息系统安全等级保护定级工作的通知》等系列文件，全面推进电力行业等级保护建设工作。

2012年11月5日，原电监会正式发布《电力行业信息安全等级保护基本要求》（电监信息〔2012〕62号）。

2014年7月2日，国家能源局关于印发《电力行业网络与信息安全管理办法》的通知（国能安全〔2014〕317号）。

2014年9月22日，国家能源局关于印发《电力行业信息安全等级保护管理办法》的通知（国能安全〔2014〕318号）。

2018年9月13日，国家能源局《关于加强电力行业网络安全工作的指导意见》（国能发安全〔2018〕72号）。

2018年12月28日，《电力信息系统安全等级保护实施指南》GB/T 37138—2018正式发布，2019年7月1日实施。

2022年11月16日，《电力行业网络安全管理办法》（国能发安全规〔2022〕100号）对《电力行业网络与信息安全管理办法》（国能安全〔2014〕317号）进行了修订，《电力行业网络安全等级保护管理办法》（国能发安全规〔2022〕101号）对《电力行业网络安全等级保护管理办法》（国能安全〔2014〕318号）进行了修订。

四、关键基础设施

实行网络安全等级保护制度的目标之一就是重点保护关键信息基础设施、重要信息系统和大数据安全，应当正确理解网络安全等级保护和关键信息基础设施保护的关系。

（1）要依据法律规定。《网络安全法》规定国家实行网络安全等级保护制度。关键信息基础设施，在网络安全等级保护制度的基础上，实行重点保护。

（2）要保持一致性。关键信息基础设施安全保护与网络安全等级保护，在法律法规、政策、标准、措施等方面必须保持一致。

（3）要明确二者关系。等级保护是国家的基本制度，具有普适性，全覆盖。关键信息基础设施是等级保护制度保护的重点，加强保护、保卫和保障。

五、发展历程

1994年国务院发布《中华人民共和国计算机信息系统安全保护条例》。

1999年发布《计算机信息系统安全等级保护划分准则》

GB17859—1999。

2003 年中共中央办公厅和国务院办公厅发布《关于加强信息安全保障工作的意见》（中办发〔2003〕27 号）。

2007 年公安部、国家保密局、国家密码管理局、国务院信息工作办公室会签《信息安全等级保护管理办法》（公通字〔2007〕43 号）。

2008 年发布《信息安全技术　信息系统安全等级　保护基本要求》GB/T 22239—2008、《信息安全技术　信息系统安全等级保护定级指南》GB/T 22240—2008。

2012 年发布《信息安全技术信息系统安全等级保护　测评要求》GB/T 28448—2012、《信息安全技术　信息系统安全等级保护测评过程指南》GB/T 28449—2012。

2012 年电监会发布《电力行业信息安全等级保护基本要求》（〔2012〕62 号）。

2014 年国家发展改革委 发布《电力监控系统安全防护规定》（发改委〔2014〕14 号令）。

2014 年国家能源局发布《电力行业信息安全等级保护管理办法》（国能安全〔2014〕318 号）。

2015 年国家能源局发布《电力监控系统安全防护总体方案》（国能安全〔2015〕36 号）。

2016 年全国人民代表大会常务委员会发布《中华人民共和国网络安全法》。

2018 年公安部发布《网络安全等级保护条例（征求意见稿）》。

2018 年国调中心发布《国家电网公司电力监控系统等级保护及安全评估工作规范》（调网安〔2018〕10 号）。

2018 年发布《信息安全技术　网络安全等级保护测评过程指南》GB/T 28449—2018、《电力信息系统安全等级保护实施指南》

GB/T 37138—2018。

2019 年发布《信息安全技术　网络安全等级保护基本要求》GB/T 22239—2019、《信息安全技术　网络安全等级保护安全设计技术要求》GB/T 25070—2019、《信息安全技术　网络安全等级保护测评要求》GB/T 28448—2019。

2.2　等级保护 2.0 解读

2.2.1　总体变化

（1）总述。随着信息技术的发展和网络安全形势的变化，等级保护制度 2.0（简称等保 2.0）在等级保护制度 1.0（简称等保 1.0）的基础上，注重全方位主动防御、动态防御、整体防控和精准防护，实现了对云计算、物联网、移动互联和工业控制信息系统及大数据等保护对象全覆盖，对加强我国网络安全保障工作，提升网络安全保护能力具有重要意义。网络安全等级保护主要范畴如图 2-1 所示。

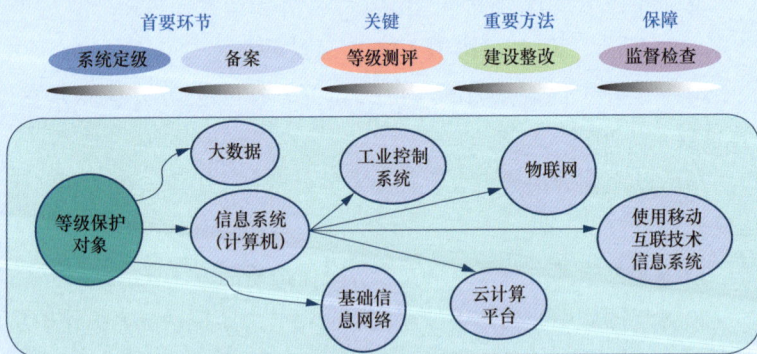

图 2-1　网络安全等级保护主要范畴

（2）防护理念如图 2-2 所示。

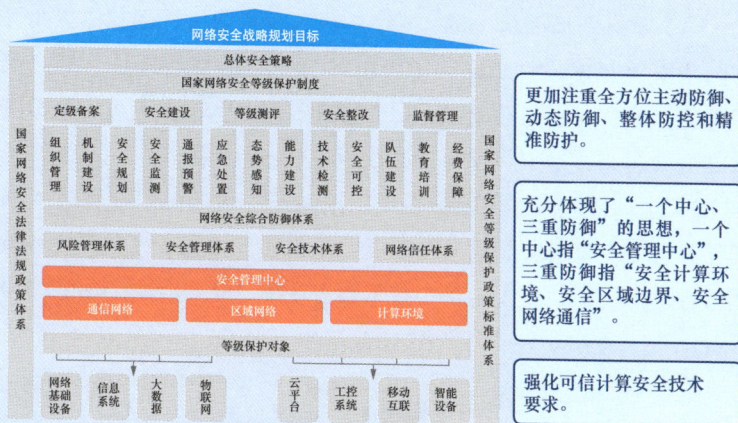

图 2-2   防护理念

（3）测评周期。

1）相较于等保 1.0，等保 2.0 标准测评周期、测评结果评定有所调整。等保 2.0 标准要求，第三级以上的系统每年开展一次测评，修改了原先 1.0 时期要求四级系统每半年进行一次等保测评的要求。

2）旧模板等级测评结论为"符合""基本符合"和"不符合"三个级别，实践表明，目前等级测评报告只用到了"基本符合"和"不符合"两个级别且大量的等级测评报告结论均为"基本符合"，不能较好地区分不同系统的安全防护水平。新模板将等级测评结论调整为优、良、中、差四个级别，并明确了每个级别的判别依据，调整后的等级测评结论可以更好地体现不同系统的安全防护水平，如图 2-3 所示。

优	被测对象中存在安全问题，但不会导致被测对象面临中、高等级安全风险且系统综合得分 95 分以上（含 95 分）
中	被测对象中存在安全问题，但不会导致被测对象面临高等级安全风险且系统综合得分 75 分以上（含 75 分）
良	被测对象中存在安全问题，但不会导致被测对象面临高等级安全风险且系统综合得分 85 分以上（含 85 分）
差	被测对象中存在安全问题，而且会导致被测对象面临高等级安全风险，或被测对象综合得分低于 75 分

图 2-3   新模板评测结论

（4）重点新增要求。按"一个中心、三重防御"的总体思路开展网络安全技术设计。确立了可信计算技术的重要地位，结合人工智能、密码保护、生物识别、大数据分析等高端技术，落实网络安全管理要求、技术要求、测评要求、设计要求等。等级保护2.0的一至四级均新增"可信验证"控制点，通过可信计算技术来实现对系统中应用和配置文件参数进行验证，保障系统在可信环境下运行，解决了信息安全核心技术设备受制于人的问题，如图2-4所示。

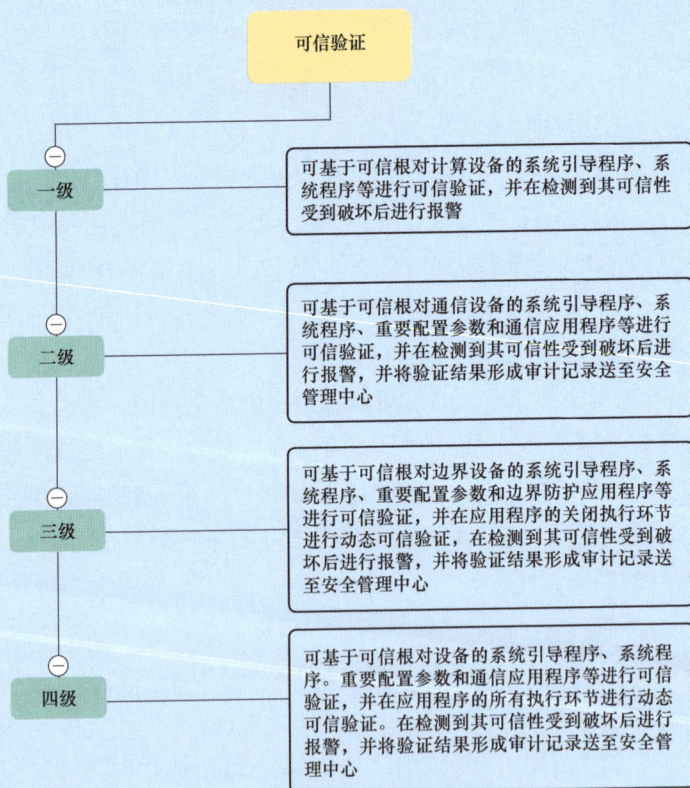

可信验证

一级：可基于可信根对计算设备的系统引导程序、系统程序等进行可信验证，并在检测到其可信性受到破坏后进行报警

二级：可基于可信根对通信设备的系统引导程序、系统程序、重要配置参数和通信应用程序等进行可信验证，并在检测到其可信性受到破坏后进行报警，并将验证结果形成审计记录送至安全管理中心

三级：可基于可信根对边界设备的系统引导程序、系统程序、重要配置参数和边界防护应用程序等进行可信验证，并在应用程序的关闭执行环节进行动态可信验证，在检测到其可信性受到破坏后进行报警，并将验证结果形成审计记录送至安全管理中心

四级：可基于可信根对设备的系统引导程序、系统程序。重要配置参数和通信应用程序等进行可信验证，并在应用程序的所有执行环节进行动态可信验证。在检测到其可信性受到破坏后进行报警，并将验证结果形成审计记录送至安全管理中心

图2-4　可信计算分等级要求

部署可信计算平台后，在原有信息系统建立可信免疫的主动防御安全防护体系，实现高安全等级结构化保护，改变原被动防护的局面，使等级保护制度科学实施。可信计算总体架构如图 2-5 所示。

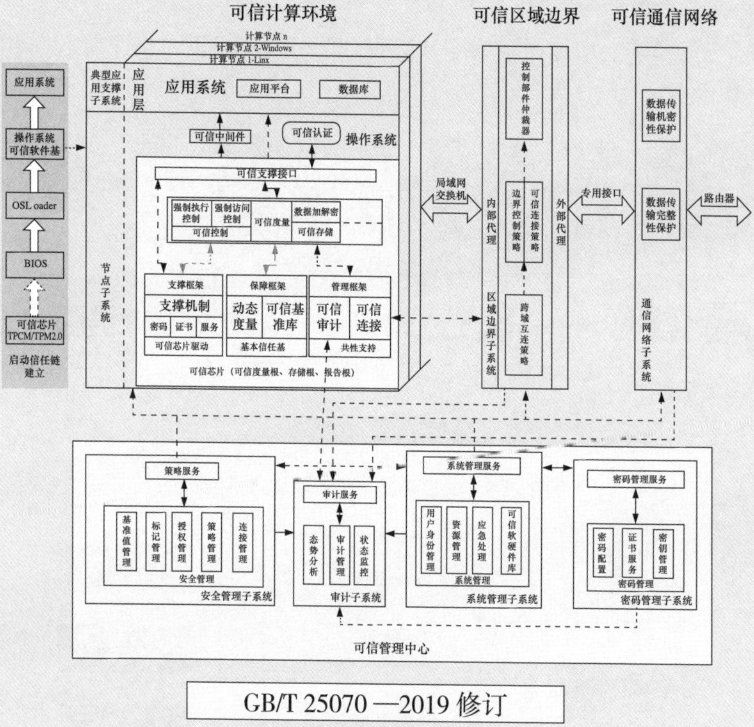

GB/T 25070 —2019 修订

图 2-5　可信计算总体架构

可信保障的安全管理中心支持下的计算环境、区域边界、通信网络三重防御多级互联技术框架如图 2-6 所示。

安全管理中心：作为对网络安全等级保护对象的安全策略及安全计算环境、安全区域边界和安全通信网络的安全机制实施统一管理的系统平台，实现统一管理、统一监控、统一审计、综合分析和协同防护，如图 2-7 所示。

从二级以上开始增加了"安全管理中心"要求，并在"安全管理中心"中增加了"系统管理、审计管理"和"安全管理"控制点要求。

二级增加内容为"系统管理"和"审计管理"。

三级以上增加内容为"系统管理""审计管理""安全管理"和"集中管控"。

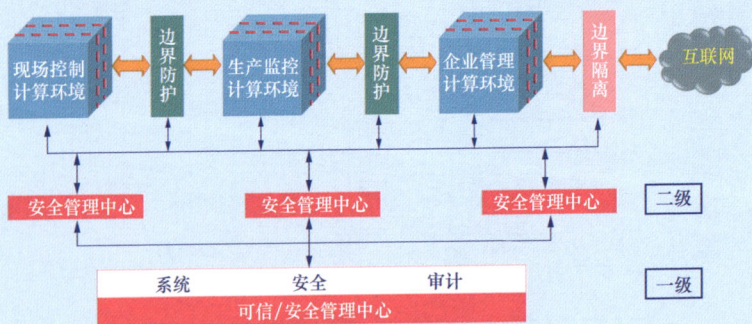

图 2-6　三重防御多级互联技术框架

图 2-7　安全管理中心

安全管理中心对集中管控做出了明确要求，未来统一的集中管理平台将成为刚需。集中管控具体要求如下：

1）应划分出特定的管理区域，对分布在网络中的安全设备或安全组件进行管控。

2）应能建立一条安全的信息传输路径，对网络中的安全设备或安全组件进行管理。

3）应对网络链路、安全设备、网络设备和服务器等的运行状况进行集中监测。

4）应对分散在各个设备上的审计数据进行收集汇总和集中分析，并保证审计记录的留存时间符合法律法规要求。

5）应对安全策略、恶意代码、补丁升级等安全相关事项进行集中管理。

6）应能对网络中发生的各类安全事件进行识别、报警和分析。

2.2.2 等保定级

定级要素与安全保护等级的关系如图 2-8 所示，安全等级矩阵表如图 2-9 所示。

（1）定级对象。安全等级保护的对象包括网络基础设施（广电网、电信网、专用通信网络等）、云计算平台 / 系统、大数据平台 / 系统、物联网、工业控制系统、采用移动互联技术的系统等，如图 2-10 所示。

（2）定级流程。等级保护 2.0 标准不再自主定级，而是通过"确定定级对象→初步确定等级→专家评审→主管部门审核→公安机关备案审查→最终确定等级"这种线性的定级流程（见图 2-11），系统定级必须经过专家评审和主管部门审核，才能到公安机关备案，整体定级更加严格，将促进定级过程更加规范，系统定级更加合理。

电力监控系统网络空间安全知识手册

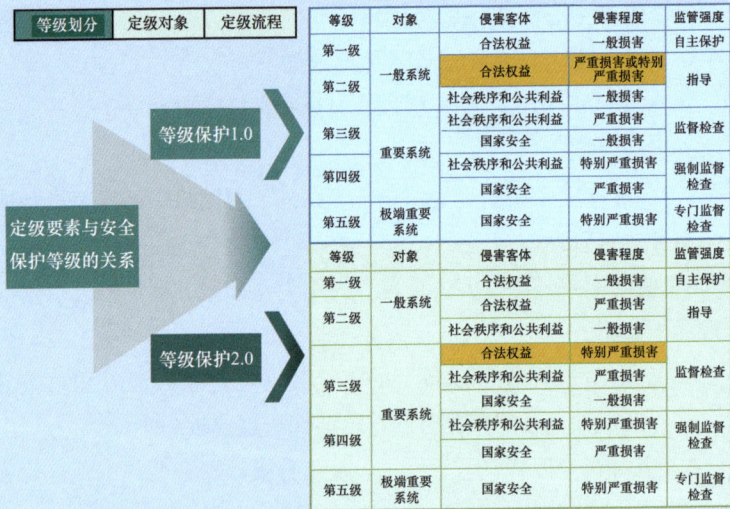

等级划分 | 定级对象 | 定级流程

等级保护1.0

等级	对象	侵害客体	侵害程度	监管强度
第一级	一般系统	合法权益	一般损害	自主保护
第二级		合法权益	严重损害或特别严重损害	指导
		社会秩序和公共利益	一般损害	
第三级	重要系统	社会秩序和公共利益	严重损害	监督检查
第四级		国家安全	一般损害	强制监督检查
		社会秩序和公共利益	特别严重损害	
		国家安全	严重损害	
第五级	极端重要系统	国家安全	特别严重损害	专门监督检查

定级要素与安全保护等级的关系

等级保护2.0

等级	对象	侵害客体	侵害程度	监管强度
第一级	一般系统	合法权益	一般损害	自主保护
第二级		合法权益	严重损害	指导
		社会秩序和公共利益	一般损害	
第三级	重要系统	合法权益	特别严重损害	监督检查
		社会秩序和公共利益	严重损害	
		国家安全	一般损害	
第四级		社会秩序和公共利益	特别严重损害	强制监督检查
		国家安全	严重损害	
第五级	极端重要系统	国家安全	特别严重损害	专门监督检查

图 2-8　定级要素与安全保护等级的关系

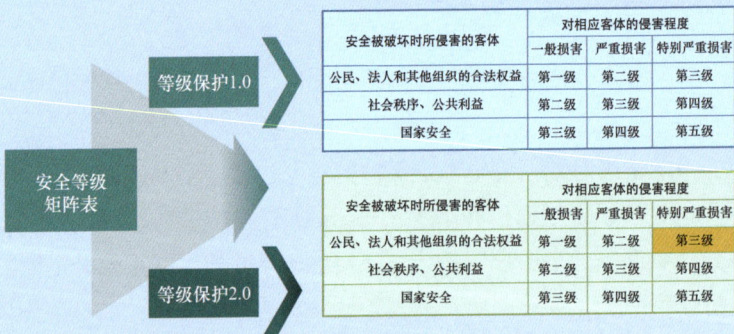

安全等级矩阵表

等级保护1.0

安全被破坏时所侵害的客体	对相应客体的侵害程度		
	一般损害	严重损害	特别严重损害
公民、法人和其他组织的合法权益	第一级	第二级	第三级
社会秩序、公共利益	第二级	第三级	第四级
国家安全	第三级	第四级	第五级

等级保护2.0

安全被破坏时所侵害的客体	对相应客体的侵害程度		
	一般损害	严重损害	特别严重损害
公民、法人和其他组织的合法权益	第一级	第二级	第三级
社会秩序、公共利益	第二级	第三级	第四级
国家安全	第三级	第四级	第五级

图 2-9　安全等级矩阵表

28

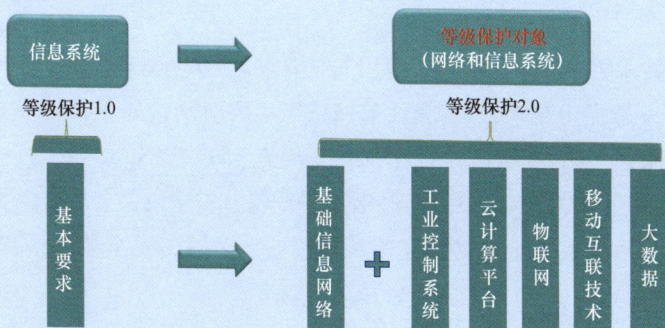

图 2-10 定级对象

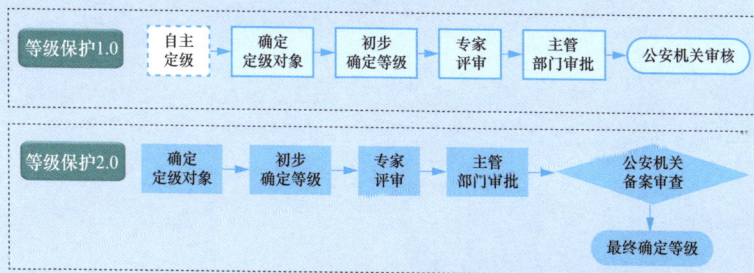

图 2-11 定级流程

2.2.3 通用要求

等级保护 2.0 将原来的标准《信息安全技术信息系统安全等级保护基本要求》改为《信息安全技术网络安全等级保护基本要求》，与《网络安全法》中的相关法律条文保持一致。

《网络安全等级保护基本要求 通用要求 技术部分》与《信息安全等级保护基本要求 技术部分》，结构由原来的物理安全、网络安全、主机安全、应用安全、数据安全五个层面，调整为：安全物理环境、安全通信网络、安全区域边界、安全计算环境、安全管理中心。

技术要求"从面到点"提出安全要求。"安全物理环境"主要对机房设施提出要求;"安全通信网络"主要对网络通信传输安全提出要求;"安全区域边界"对网络边界安全防护提出要求;"安全计算环境"主要对构成节点(包括网络设备、安全设备、服务器操作系统、数据库、中间件、应用、终端安全)提出安全要求;"安全管理中心"主要对安全集中管理提出要求。

等级保护覆盖范围如图 2-12 所示。

技术			
安全物理环境	物理位置选择 物理访问控制 防盗窃和防破坏 防雷击 防火 防水和防潮 防静电 温湿度控制 电力供应 电磁防护	安全计算环境	身份鉴别 访问控制 安全审计 入侵防范 恶意代码防范 可信验证 数据完整性 数据保密性 数据备份恢复 剩余信息保护 个人信息保护
安全通信网络	网络架构 通信传输 可信验证		
安全区域边界	边界防护 访问控制 入侵防范 恶意代码和垃圾邮件防范 安全审计 可信验证	安全管理中心	系统管理 审计管理 安全管理 集中管控

级别	定级组合	控制点数	要求项数
二级	S2A2G2	65	132

级别	定级组合	控制点数	要求项数
三级	S2A3G3	67	200
	S2A3G3	71	210
	S2A3G3	71	212

级别	定级组合	控制点数	要求项数
四级	S4A4G4	71	227

图 2-12 等级保护覆盖范围

要求对比:等级保护 2.0 将原物理安全调整为安全物理环境,控制点未发生变化,要求项数由原来的 32 项调整为 22 项,见表 2-1。

表 2-1 要求对比

	等级保护 1.0	要求项数		等级保护 2.0	要求项数
物理安全	物理位置的选择	2	安全物理环境	物理位置选择	2

续表

	等级保护 1.0	要求项数		等级保护 2.0	要求项数
物理安全	物理访问控制	4	安全物理环境	物理访问控制	1
	防盗窃和防破坏	6		防盗窃和防破坏	3
	防雷击	3		防雷击	2
	防火	3		防火	3
	防水和防潮	4		防水和防潮	3
	防静电	2		防静电	2
	温湿度控制	1		温湿度控制	1
	电力供应	4		电力供应	3
	电磁防护	3		电磁防护	2

防雷击新增要求为：应将各类机柜、设施和设备等通过接地系统安全接地（二级、三级、四级）。

防静电新增要求为：应采取措施防止静电的产生，例如采用静电消除器、佩戴防静电手环等（三级、四级）。

将原网络安全拆分为安全通信网络和安全区域边界，网络设备防护控制点要求并到安全计算环境要求中，新增通信传输、可信验证控制点，原网络安全层面要求项总数为33项，调整后安全通信网络层面要求项为8项，安全区域边界层面要求项为20项，见表2-2。

表2-2 网络安全

	等级保护 1.0	要求项数		行标	要求项数		等级保护 2.0	要求项数
网络安全	结构安全	7	网络安全	结构安全	8	安全通信网络	网络架构	5

续表

	等级保护1.0	要求项数		行标	要求项数		等级保护2.0	要求项数
网络安全	访问控制	8	网络安全	访问控制	10	安全通信网络	通信传输	2
	安全审计	4		安全审计	4		可信验证	1
	边界完整性检查	2		边界完整性检查	3	安全区域边界	边界防护	4
	入侵防范	2		入侵防范	2		访问控制	5
	恶意代码防范	2		恶意代码防范	2		入侵防范	4
	网络设备防护	8		网络设备防护	9		恶意代码和垃圾邮件防范	2
							安全审计	4
							可信验证	1

网络架构新增要求为：应提供通信线路、关键网络设备的硬件冗余，保证系统的可用性（三级、四级）。

通信传输新增要求为：应采用密码技术保证通信过程中数据的保密性（三级、四级）。

可信验证新增要求为：可基于可信根对通信设备的系统引导程序、系统程序、重要配置参数和通信应用程序等进行可信验证，并在应用程序的关键执行环节进行动态可信验证，在检测到其可信性受到破坏后进行报警，并将验证结果形成审计记录送至安全管理中心（二级、三级、四级）。

边界防护新增要求为：应限制无线网络的使用，确保无线网络通过受控的边界防护设备接入内部网络（三级、四级）。

访问控制新增要求为：①应删除多余或无效的访问控制规则，优化访问控制列表，并保证访问控制规则数量最小化（二级、三级、四级）；②应对源地址、目的地址、源端口、目的端口和协议等进行检查，以允许 / 拒绝数据包进出（二级、三级、四级）。

入侵防范新增要求为：应采取技术措施对网络行为进行分析，实现对网络攻击特别是未知的新型网络攻击的检测和分析（三级、四级）。

恶意代码和垃圾邮件防范新增要求为：应在关键网络节点处对垃圾邮件进行检测和防护，并维护垃圾邮件防护机制的升级和更新（三级、四级）。

安全审计新增要求为：应在网络边界、重要网络节点进行安全审计，审计覆盖到每个用户，对重要的用户行为和重要安全事件进行审计（二级、三级、四级）。

等级保护 2.0 将原主机安全、应用安全、数据安全及备份恢复三个层面合并为安全计算环境一个层面。在测评对象上，把网络设备、安全设备、应用也纳入此层面的测评范围，原应用安全层面中软件容错控制点要求纳入了入侵防范控制点中，要求项一共 34 项，见表 2-3。

表 2-3　　　　　　　　　　　　　　主机安全

	等级保护 1.0	要求项数		行标	要求项数		等级保护 2.0	要求项数
主机安全	身份鉴别	6	主机安全	身份鉴别	6	安全计算环境	身份鉴别	4

续表

	等级保护 1.0	要求项数		行标	要求项数		等级保护 2.0	要求项数
主机安全	访问控制	7	主机安全	访问控制	7	安全计算环境	访问控制	7
	安全审计	6		安全审计	6		安全审计	4
	剩余信息保护	2		剩余信息保护	2		剩余信息保护	2
	入侵防范	3		入侵防范	3		入侵防范	6
	恶意代码防范	3		恶意代码防范	3		恶意代码防范	1
	资源控制	5		资源控制	6		数据完整性	2
							数据保密性	2
							数据备份恢复	3
							个人信息保护	2
							可信验证	1

等级保护 2.0 将应用安全合并为安全计算环境一个层面，见表 2-4。

表 2-4　　　　　　　　　　应用安全

	等级保护 1.0	要求项数		行标	要求项数		等级保护 2.0	要求项数
应用安全	身份鉴别	5	应用安全	身份鉴别	5	安全计算环境	身份鉴别	4

续表

	等级保护 1.0	要求项数		行标	要求项数		等级保护 2.0	要求项数
应用安全	访问控制	6	应用安全	访问控制	6	安全计算环境	访问控制	7
	安全审计	4		安全审计	4		安全审计	4
	剩余信息保护	2		剩余信息保护	2		资源控制	3
	通信完整性	1		通信完整性	1		剩余信息保护	2
	通信保密性	2		通信保密性	2		个人信息保护	2
	抗抵赖	2		抗抵赖	2			
	软件容错	2		软件容错	2			
	资源控制	7		资源控制	7			

等级保护 2.0 将数据安全合并为安全计算环境一个层面，见表 2-5。

表 2-5　　　　　　　　　　　数据安全及备份恢复

	等级保护 1.0	要求项数		行标	要求项数		等级保护 2.0	要求项数
数据安全及备份恢复	数据完整性	2	数据安全及备份恢复	数据完整性	2	安全计算环境	数据完整性	2
	数据保密性	2		数据保密性	2		数据保密性	2
	备份和恢复	4		备份和恢复	3		数据备份恢复	3

访问控制新增要求为：①应由授权主体配置访问控制策略，访

问控制策略规定主体对客体的访问规则（三级、四级）；②访问控制的粒度应达到主体为用户级或进程级，客体为文件、数据库表级（三级、四级）。

恶意代码防范新增要求为：应采用免受恶意代码攻击的技术措施或主动免疫可信验证机制及时识别入侵和病毒行为，并将其有效阻断（三级、四级）。

可信验证新增要求：可基于可信根对计算设备的系统引导程序、系统程序、重要配置参数和边界防护应用程序等进行可信验证，并在应用程序的关键执行环节进行动态可信验证，在检测到其可信性受到破坏后进行报警，并将验证结果形成审计记录送至安全管理中心（二级、三级、四级）。

数据完整性新增要求为：应采用校验码技术或密码技术保证重要数据在传输过程中的完整性，包括但不限于鉴别数据、重要业务数据、重要审计数据、重要配置数据、重要视频数据和重要个人信息等（三级、四级）。

数据保密性新增要求为：应采用密码技术保证重要数据在传输过程中的保密性，包括但不限于鉴别数据、重要业务数据和重要个人信息等（三级、四级）。

数据备份恢复新增要求为：应提供重要数据处理系统的热冗余，保证系统的高可用性（三级、四级）。

个人信息保护新增要求为：①应仅采集和保存业务必需的用户个人信息（二级、三级、四级）；②应禁止未授权访问和非法使用用户个人信息（二级、三级、四级）。

等级保护 2.0 在原安全管理制度中增加安全策略控制点（见表 2-6），原人员安全管理变更为安全管理人员，减少人员考核控制点（见表 2-7）；原系统建设管理变更为安全建设管理，系统定级和系统备案两个控制点合并为系统定级和备案一个控制点；原系统运维管理变更为安全运维管理，新增外包运维管理控制点，要求项数由原 175 项调整为 115 项（见表 2–6）。

表 2–6　　　　　　　　　　　安全管理制度

	等级保护 1.0	要求项数		行标	要求项数		等级保护 2.0	要求项数
安全管理制度	管理制度	4	安全管理制度	管理制度	4	安全管理制度	安全策略	1
	制定和发布	6		制定和发布	5		管理制度	3
	评审和修订	4		评审和修订	2		制定和发布	2
							评审和修订	1

表 2–7　　　　　　　　　　　机构、人员安全管理

	等级保护 1.0	要求项数		行标	要求项数		等级保护 2.0	要求项数
安全管理机构	岗位设置	4	安全管理机构	岗位设置	4	安全管理机构	岗位设置	3
	人员配备	3		人员配备	3		人员配备	2
	授权和审批	5		授权和审批	5		授权和审批	3
	沟通和合作	5		沟通和合作	5		沟通和合作	3
	审核和检查	4		审核和检查	4		审核和检查	3
人员安全管理	人员录用	4	人员安全管理	人员录用	4	安全管理人员	人员录用	3
	人员离岗	3		人员离岗	3		人员离岗	2
	人员考核	4		人员考核	3		安全意识教育和培训	3
	安全意识教育和培训	4		安全意识教育和培训	4		外部人员访问管理	4
	外部人员访问管理	3		外部人员访问管理	2			

表 2-8　　　　　　　　　　　系统建设及运维管理

等级保护 1.0		要求项数	行标		要求项数	等级保护 2.0		要求项数
系统建设管理	系统定级	4	系统建设管理	系统定级	5	安全建设管理	系统定级和备案	4
	安全方案设计	5		安全方案设计	5		安全方案设计	3
	产品采购和使用	5		产品采购和使用	5		产品采购和使用	3
	自行软件开发	7		自行软件开发	5		自行软件开发	7
	外包软件开发	5		外包软件开发	5		外包软件开发	3
	工程实施	5		工程实施	3		工程实施	3
	测试验收	5		测试验收	5		测试验收	2
	系统交付	5		系统交付	5		系统交付	3
	系统备案	3		系统备案	3		等级测评	3
	等级测评	4		等级测评	4		服务供应商选择	3
	安全服务商选择	3		安全服务商选择	3			
系统运维管理	环境管理	5	系统运维管理	环境管理	4	安全运维管理	环境管理	3
	资产管理	4		资产管理	4		资产管理	3
	介质管理	6		介质管理	7		介质管理	2
	设备管理	5		设备管理	6		设备维护管理	4

续表

	等级保护 1.0	要求项数		行标	要求项数		等级保护 2.0	要求项数
系统运维管理	监控管理和安全管理中心	4	系统运维管理	监控管理和安全管理中心	3	安全运维管理	漏洞和风险管理	2
	网络安全管理	9		网络安全管理	9		网络和系统安全管理	10
	系统安全管理	8		系统安全管理	8		恶意代码防范管理	2
	恶意代码防范管理	4		恶意代码防范管理	5		配置管理	2
	密码管理	1		密码管理	1		密码管理	2
	变更管理	5		变更管理	4		变更管理	3
	备份与恢复管理	6		备份与恢复管理	5		备份与恢复管理	3
	安全事件处置	8		安全事件处置	7		安全事件处置	4
	应急预案管理	6		应急预案管理	6		应急预案管理	4
							外包运维管理	4

外部人员访问管理新增要求为：①获得系统访问授权的外部人员应签署保密协议，不得进行非授权操作，不得复制和泄露任何敏感信息（三级、四级）；②外部人员离场后应及时清除其所有的访问权限（二级、三级、四级）。

自行软件开发新增要求为：①应保证开发人员为专职人员，开发人员的开发活动受到控制、监视和审查(三级、四级);②应对程序资源库的修改、更新、发布进行授权和批准,并严格进行版本控制(三级、四级)。

工程实施新增要求为:应通过第三方工程监理控制项目的实施过程(三级、四级)。

服务供应商选择新增要求为:应定期监督、评审和审核服务供应商提供的服务,并对其变更服务内容加以控制(三级、四级)。

设备维护管理新增要求为:含有存储介质的设备在报废或重用前,应进行完全清除或被安全覆盖,确保该设备上的敏感数据和授权软件无法被恢复重用(三级、四级)。

漏洞和风险管理新增要求:应定期开展安全测评,形成安全测评报告;采取措施应对发现的安全问题(三级、四级)。

网络和系统安全管理新增要求为:①应严格控制变更性运维,经过审批后才可改变连接、安装系统组件或调整配置参数,操作过程中应保留不可更改的审计日志,操作结束后应同步更新配置信息库(三级、四级);②应严格控制运维工具的使用,经过审批后才可接入进行操作,操作过程中应保留不可更改的审计日志,操作结束后应删除工具中的敏感数据(三级、四级)。

外包运维管理新增要求为:①应确保选择的外包运维服务商在技术和管理方面均具有按照等级保护要求开展安全运维工作的能力,并将能力要求在签订的协议中明确(三级、四级);②应在与外包运维服务商签订的协议中明确所有相关的安全要求;如可能涉及对敏感信息的访问、处理、存储要求,对IT基础设施中断服务的应急保障要求等(三级、四级)。

等级保护2.0新增安全管理中心层面,包括系统管理、审计管理、安全管理、集中管控四个控制点,其中安全管理和集中管控均为三级要求,要求项一共12项,见表2-9。

表 2-9　　　　　　　　　等级保护 2.0 新增四个控制点

新层面	新控制点	要求项数
安全管理中心	1 系统管理	2
	2 审计管理	2
	3 安全管理	2
	4 集中管控	6

　　系统管理新增要求（二级、三级、四级）为：①应对系统管理员进行身份鉴别，只允许其通过特定的命令或操作界面进行系统管理操作，并对这些操作进行审计；②应通过系统管理员对系统的资源和运行进行配置、控制和管理，包括用户身份、系统资源配置、系统加载和启动、系统运行的异常处理、数据和设备的备份与恢复等。

　　审计管理新增要求（二级、三级、四级）为：①应对审计管理员进行身份鉴别，只允许其通过特定的命令或操作界面进行安全审计操作，并对这些操作进行审计；②应通过审计管理员对审计记录进行分析，并根据分析结果进行处理，包括根据安全审计策略对审计记录进行存储、管理和查询等。

　　安全管理新增要求（三级、四级）为：①应对安全管理员进行身份鉴别，只允许其通过特定的命令或操作界面进行安全管理操作，并对这些操作进行审计；②应通过安全管理员对系统的安全策略进行配置，包括安全参数的设置，主体、客体进行统一安全标记，对主机进行授权，配置可信验证策略等。

　　集中管控新增要求（三级、四级）为：①应划分出特定的管理区域，对分布在网络中的安全设备或安全组件进行管控；②应能建立一条安全的信息传输路径，对网络中的安全设备或安全组件进行管理；③应对网络链路、安全设备、网络设备和服务器等的运行状况进行集中监测；④应对分散在各个设备上的审计数据进行收集汇总和集中分析，并保证审计记录的存留时间符合法律法规要求；⑤应对安全策略、恶意代码、补丁升级等安全相关事项进行集中管理；⑥应能对网络中发生的各类安全事件进行识别、报警和分析。

电力监控系统网络安全管理平台的建设基本覆盖了本要求。

2.2.4　扩展要求

等级保护 1.0 主要应用于传统架构下的信息系统安全，等级保护 2.0 的保护范围从"信息系统"扩展为"网络空间"，将云计算、移动互联、物联网、工业控制系统等新兴技术和应用场景纳入了等级保护范围。相较于征求意见稿，等级保护 2.0 不再针对不同等级保护对象制定五个单独标准，而是对所有等级保护对象采用统一标准，而针对不同等级保护对象采用序号标识增加扩展要求，具体包括：云计算安全扩展要求（见表 2-10）、移动互联安全扩展要求（见图 2-13）、物联网安全扩展要求以及工业控制系统安全扩展要求。

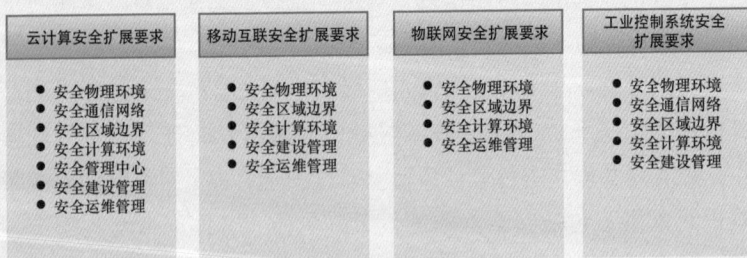

图 2-13　扩展要求

2.2.4.1 云计算

总体架构如图 2-14 所示。

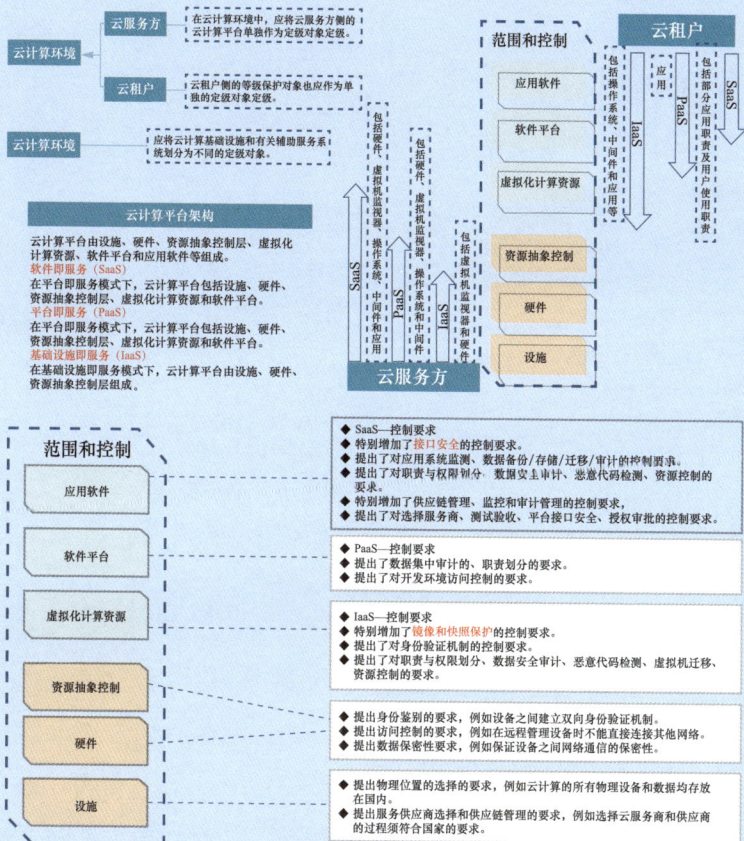

图 2-14 云计算总体架构

表 2-10　　　　　　　　　　云计算安全扩展要求

扩展要求类别			要求项数量			
			一级系统	二级系统	三级系统	四级系统
云计算安全扩展要求			1	1	1	1
云计算安全扩展要求			2	4	6	9
	安全区域边界	访问控制	1	2	2	2
		入侵防范	0	3	5	5
		安全审计	0	2	2	2
	安全计算环境	身份鉴别	0	0	1	1
		访问控制	2	2	2	2
		入侵防范	0	0	3	3
		镜像和快照保护	0	2	2	2
		数据完整性和保密性	1	3	4	4
		数据备份与恢复	0	2	4	4
		剩余信息保护	0	2	2	2
	安全管理中心	集中管控	0	0	4	4
	安全建设管理	云服务商选择	3	4	5	5
		供应链管理	1	2	3	3
	安全运维管理	云计算环境管理	0	1	1	1

　　电力云计算："国网云"包括企业管理云、公共服务云和生产控制云（简称"三朵云"），由一体化"国网云"平台（简称云平台）

及其支撑的各类业务应用组成。企业管理云是覆盖管理大区的资源及服务，支撑企业管理、分析决策、综合管理类业务；公共服务云是覆盖外网区域的资源及服务，支撑电力营销、客户服务、电子商务等业务；生产控制云是覆盖生产大区的资源及服务，支撑调控运行及其管理业务。电力云计算总体架构如图 2-15 所示。

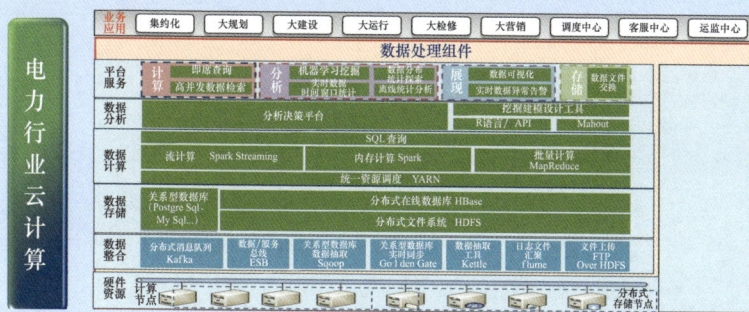

图 2-15　电力云计算总体架构

2.2.4.2　移动互联

（1）移动互联技术的等级保护对象应作为一个整体对象定级，移动终端、移动应用和无线网络等要素不单独定级，与采用移动互联技术等级保护对象的应用环境和应用对象一起定级。移动互联总体架构如图 2-16 所示，安全扩展要求如图 2-17 所示。

（2）电力移动互联。针对公司智能电网业务终端通过无线专网形式安全接入信息内、外网的迫切需求，研发了国家电网有限公司安全接入平台、安全交互平台以及安全终端防护模块。电力行业移动互联总体架框如图 2-18 所示。

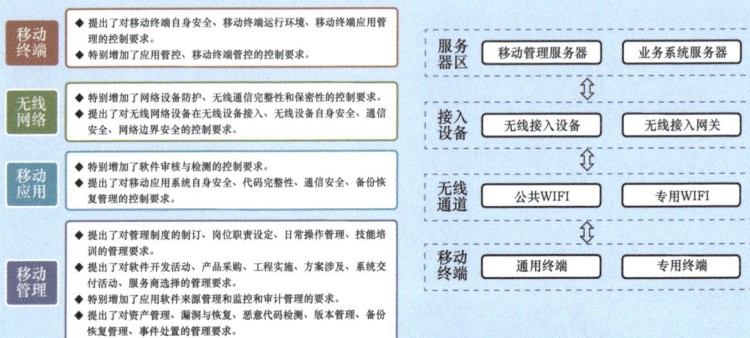

图 2-16　移动互联总体架构

扩展要求类别	要求类	控制点	要求项数量			
			一级系统	二级系统	三级系统	四级系统
移动互联安全扩展要求	安全物理环境	无线接入点的物理位置	1	1	1	1
	安全区域边界	边界防护	1	1	1	1
		访问控制	1	1	1	1
		入侵防范	0	5	6	6
	安全计算环境	移动终端管控	0	0	0	3
		移动应用管控	1	2	3	4
	安全建设管理	移动应用软件采购	1	2	2	2
		移动应用软件开发	0	2	2	2
	安全运维管理	配置管理	0	0	1	1

图 2-17　移动互联安全扩展要求

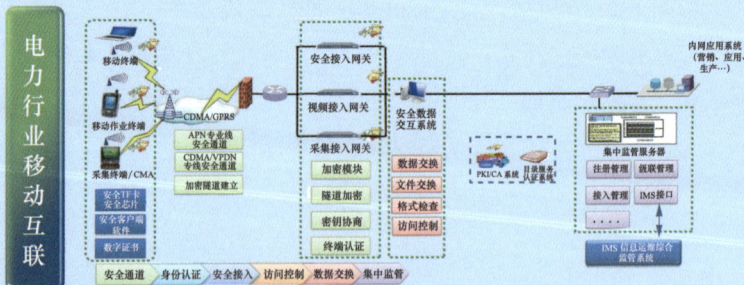

图 2-18　电力行业移动互联总体架构

2.2.4.3 物联网

物联网总体架构如图 2-19 所示，物联网安全扩展要求如图 2-20 所示。

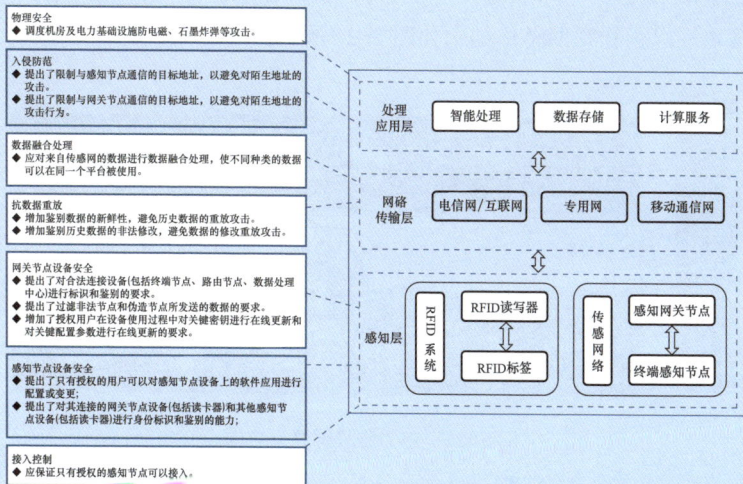

图 2-19 物联网总体架构

扩展要求类别	要求类	控制点	要求项数量			
			一级系统	二级系统	三级系统	四级系统
物联网安全扩展要求	安全物理环境	感知节点的物理防护	2	2	4	4
	安全区域边界	入侵防范	0	2	2	2
		接入控制	1	1	1	1
	安全计算环境	感知节点设备安全	0	0	3	3
		网关节点设备安全	0	0	5	5
		抗数据重放	0	0	2	2
	安全运维管理	数据融合处理	0	0	1	2
		感知节点的管理	0	2	3	3

图 2-20 物联网安全扩展要求

电力物联网：如停电报警、电量远程监控等应用，依托于 RFID 及相关通信技术，系统有效地了解、检查巡线工作状态、电量使用情况，及时发现线路的缺陷情况，提升送电设备运行安全性、降低了事故发生率，同时提高了电力部门的工作效率，降低了生产运营成本。电力物联网总体结构如图 2-21 所示。

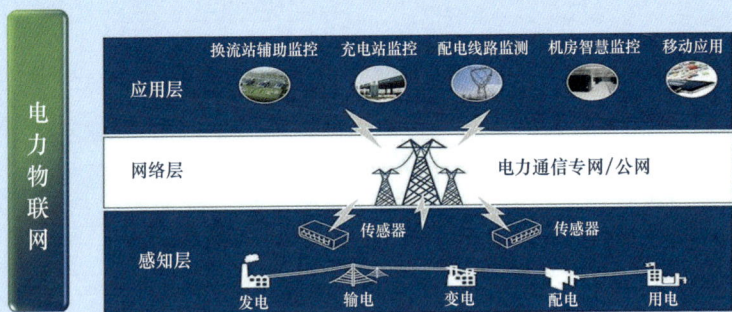

图 2-21　电力物联网总体结构

2.2.4.4　工业控制

工业控制系统安全功能层次模型如图 2-22 所示。

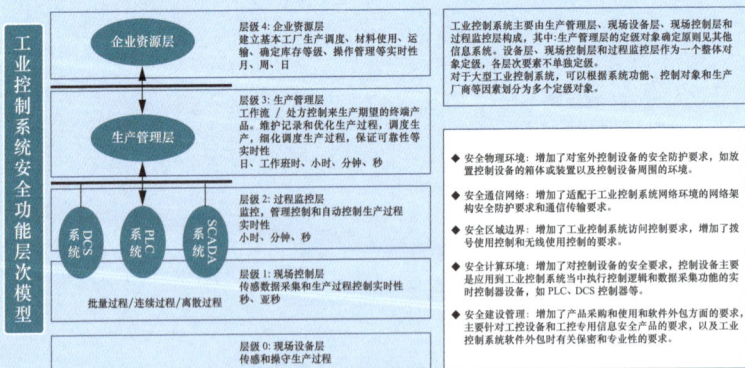

图 2-22　工业控制系统安全功能层次模型

　　电力行业工控系统负责对电力生产过程进行监视、测量、控制和调度，是电力系统的大脑和神经传输网络，典型的电力工控系统包括智能电网调度技术支持系统、配电自动化系统、智能变电站、输变电设备状态在线监测系统、用电信息采集系统等，如图 2-23 所示。工业控制系统安全扩展要求见表 2-11。

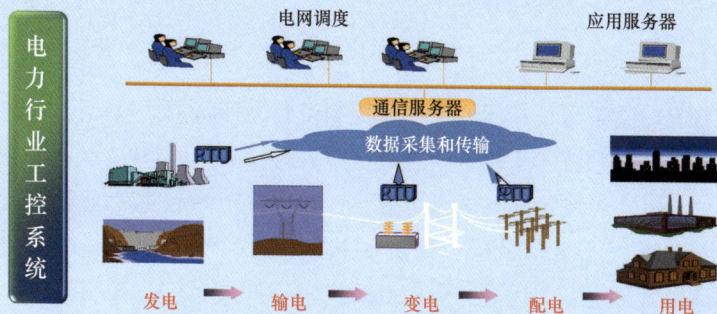

图 2-23　电力行业工控系统总体架构

表 2-11　　　　　　　　　　工业控制系统安全扩展要求

扩展要求类别	要求类	控制点	要求项数量			
			一级系统	二级系统	三级系统	四级系统
工业控制系统安全扩展要求	安全物理环境	室外控制设备防护	2	2	2	2
	安全通信网络	网络架构	2	3	3	3
		通信传输	0	1	1	1
	安全区域边界	访问控制	1	2	2	2
		拨号使用控制	0	2	2	2
		无线使用控制	2	2	4	4
	安全计算环境	控制设备安全	2	2	5	5

扩展要求类别	要求类	控制点	要求项数量			
			一级系统	二级系统	三级系统	四级系统
工业控制系统安全扩展要求	安全建设管理	产品采购和使用	0	1	1	1
		外包软件开发	0	1	1	1

安全物理环境新增要求室外控制设备物理防护，包括：①室外控制设备应放置于采用铁板或其他防火材料制作的箱体或装置中并紧固：箱体或装置具有透风、散热、防盗、防雨和防火能力等（一级、二级、三级、四级）；②室外控制设备放置应远离强电磁干扰、强热源等环境，如无法避免应及时做好应急处置及检修，保证设备正常运行（一级、二级、三级、四级）。

而等级保护 1.0 电力行业基本要求（生产控制类）为：生产控制大区网络与管理信息大区网络应物理隔离；二级系统统一成域，三级及以上系统可单独成域：电力调度数据网应当在专用通道上使用独立的网络设备组网，在物理层面上实现与其他数据网及外部公共信息网的安全隔离。

安全通信网络、网络架构新增要求包括：①工业控制系统与企业其他系统之间应划分为两个区域，区域间应采用单向的技术隔离手段（一级、二级、三级、四级）；②工业控制系统内部应根据业务特点划分为不同的安全域，安全域之间应采用技术隔离手段（一级、二级、三级、四级）；③涉及实时控制和数据传输的工业控制系统，应使用独立的网络设备组网，在物理层面上实现与其他数据网及外部公共信息网的安全隔离（二级、三级、四级）。

等级保护 1.0 电力行业基术要求（生产控制类）为：在生产控制

大区与广域网的纵向交接处应当设置经过国家指定部门检测谁的电力专用纵向加密认证装置或者加密认证网关及相关设施，确保纵向加密认证装置策略配置安全有效，实现双向身份认证、访问控制和数据加密传输。

安全通信网络通信传输新增要求包括：在工业控制系统内使用广域网进行控制指令或相关数据交换的应采用加密认证技术手段实现身份认证、访问控制和数据加密传输（二级、三级、四级）。

而等级保护 1.0 电力行业基本要求（生产控制类）为：生产控制大区网络与管理信息大区网络应物理隔离；两网之间有通信交换时应部署符合电力系统要求的单向隔离装置，确保单向隔离装置策略配置安全有效，禁止任何穿越边界的 E-Mail、Web、Telnet、Rlogin、FTP 等通用网络服务。

安全区域边界访问控制的新增要求为：①应在工业控制系统与企业其他系统之间部署访问控制设备，配置访问控制策略，禁止任何穿越区域边界的 E-Mail、Web、Telnet、Rlogin、FTP 等通用网络服务（一级、二级、三级、四级）描述不同，工业控制系统不局限于电力工控；②应在工业控制系统内安全域和安全域之间的边界防护机制失效时，及时进行报警（二级、三级、四级）。

而等级保护 1.0 电力行业网络安全—访问控制基本要求（生产控制类）为：生产控制大区的拨号访问服务，服务器和客户端均应使用安全加固的达到国家相应等级保护要求的操作系统，并采取加密、数字证书认证和访问控制等安全防护和其他管理措施，应限制具有拨号访问权限的用户数量。

安全区域边界拨号使用控制的新增要求为：①工业控制系统确需使用拨号访问服务的，应限制具有拨号访问权限的用户数量，并采取用户身份鉴别和访问控制等措施（二级、三级、四级）描述不同；②拨号服务器和客户端均应使用经安全加固的操作系统，并采取数字证书认证、传输加密和访问控制等措施(三级、四级)描述不同;③涉及实时控制和数据传输的工业控制系统禁止使用拨号访问服务(四级)。

安全区域边界无线使用控制新增要求为:①应对所有参与无线通信的用户(人员、软件进程或设备)提供唯一性标识和鉴别(一级、二级、三级、四级);②应对所有参与无线通信的用户(人员、软件进程或者设备)进行授权以及执行使用进行限制(一级、二级、三级、四级);③应对无线通信采取传输加密的安全措施,实现传输报文的机密性保护(三级、四级);④对采用无线通信技术进行控制的工业控制系统,应能识别其物理环境中发射的未经授权的无线设备,报告未经授权试图接入或干扰控制系统的行为(三级、四级)。

等级保护 1.0 电力行业网络安全、主机安全—身份鉴别、资源控制基本要求(生产控制类)为:应对登录网络设备、操作系统和数据库系统等用户进行身份标识和鉴别;操作系统应遵循最小安装的原则,仅安装必要的组件和应用程序,系统补丁安装前应进行安全性和兼容性测试;应关闭或拆除主机的软盘驱动、光盘驱动、USB接口、串行口等,确需保留的应严格管理;应在本机安装防恶意代码软件或独立部署恶意代码防护设备,更新前应进行安全性和兼容性测试。

安全计算环境、控制设备安全的新增要求为:①控制设备自身应实现相应级别安全通用要求提出的身份鉴别、访问控制和安全审计等安全要求,如受条件限制控制设备无法实现上述要求,应由其上位控制或管理设备实现同等功能或通过管理手段控制(一级、二级、三级、四级);②应在经过充分测试评估后,在不影响系统安全稳定运行的情况下对控制设备进行补丁更新、固件更新等工作(一级、二级、三级、四级);③应关闭或拆除控制设备的软盘驱动、光盘驱动、USB 接口、串行口或多余网口等，确需保留的应通过相关的技术措施实施严格的监控管理 (三级、四级)；④应使用专用设备和专用软件对控制设备进行更新 (三级、四级)；⑤应保证控制设备在上线前经过安全性检测，避免控制设备固件中存在恶意代码程序 (三级、四级)。

等级保护 1.0 电力行业系统建设管理—产品采购与使用、外包软件开发基本要求 (生产控制类) 接入生产控制大区中的安全产品，应通过国家或行业推荐机构安全和电力系统电磁兼容性检测；应在外包开发合同中包含开发单位、供应商对所提供设备及系统在生命周期内有关保密性、禁止关键技术扩散和设备行业专用等方面的约束条款。

安全建设管理产品采购和使用新增要求为：工业控制系统重要设备应通过专业机构的安全性检测后方可采购使用 (二级、三级、四级)。

外包软件开发新增要求为：应在外包开发合同中规定针对开发单位、供应商的约束条款，包括设备及系统在生命周期内有关保密、禁止关键技术扩散和设备行业专用等方面的内容 (二级、三级、四级)。

CHAPTER 3

电力监控系统安全防护及典型案例

3.1 电力监控系统网络安全挑战

3.1.1 电力监控系统网络安全挑战有哪些

（1）黑客入侵。有组织的黑客团体对电力监控系统进行恶意攻击、窃取数据，破坏电力监控系统及电力系统的正常运行。

（2）旁路控制。非授权者对发电厂、变电站发送非法控制命令，导致电力系统事故，甚至系统瓦解。

（3）完整性破坏。非授权修改电力监控系统配置、程序、控制命令；非授权修改电力市场交易中的敏感数据。

（4）越权操作。超越已授权限进行非法操作。

（5）无意或故意行为。无意或有意地泄漏口令等敏感信息，或不谨慎地配置访问控制规则等。

（6）拦截篡改。拦截或篡改调度数据广域网传输中的控制命令、参数配置、交易报价等敏感数据。

（7）非法用户。非授权用户使用计算机或网络资源。

（8）信息泄漏。口令、证书等敏感信息泄密。

（9）网络欺骗。Web 服务欺骗攻击和 IP 欺骗攻击。

（10）身份伪装。入侵者伪装合法身份，进入电力监控系统。

（11）拒绝服务攻击。向电力调度数据网络或通信网关发送大量雪崩数据，造成网络或监控系统瘫痪。

（12）窃听。黑客在调度数据网或专线上搭线窃听明文传输的敏感信息，为后续攻击做准备。

3.1.2　电力监控系统安全防护现状

3.1.2.1　安全物理环境

近年来，随着等级保护工作的深入开展，通过机房改造、硬件设施提升、环境监控系统的部署，电力监控系统在物理访问控制、防火、防水、电力供应、电磁防护等方面基本满足了等级保护 2.0 各项要求，如图 3-1 所示。

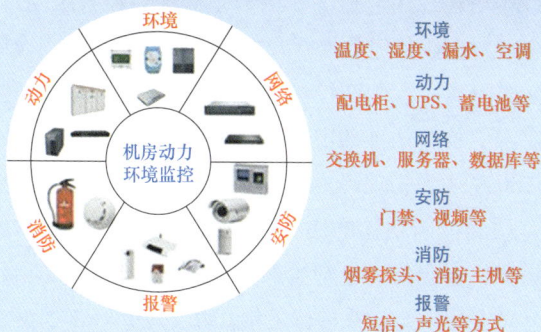

图 3-1　安全物理环境

3.1.2.2 安全通信网络

（1）电力监控系统遵循"安全分区、网络专用、横向隔离、纵向认证"十六字方针，坚持"外防与内控结合，管理与技术并重"原则。

（2）建立了调度数字证书体系，生产控制大区与广域网的纵向连接处设置纵向加密认证装置或加密认证网关，实现双向身份认证、数据加密和访问控制。

（3）通信网络主要设备国产化率大幅提升。

（4）关键节点实现双机冗余部署，保障了业务的可靠性和连续性。

（5）安全分区。安全分区是电力监控系统安全防护体系的结构基础。发电企业、电网企业内部基于计算机和网络技术的业务系统，原则上划分为生产控制大区和管理信息大区。生产控制大区可分为控制区（又称安全区Ⅰ）和非控制区（又称安全区Ⅱ）。

（6）网络专用。电力调度数据网是为生产控制大区服务的专用数据网络，应当在专用通道上使用独立的网络设备组网，在物理层面上实现与电力企业其他数据网及外部公共信息网的安全隔离。

（7）横向隔离。在生产控制大区与管理信息大区之间必须设置经国家指定部门检测认证的电力专用横向单向安全管理装置，隔离强度应当接近或达到物理隔离。生产控制大区内部的安全区之间应当采用具有访问控制功能的网络设备、防火墙或相当功能的设施，实现逻辑隔离。安全接入区与生产控制大区相连时，应当采用电力专用横向单向安全隔离装置进行集中互联。

（8）纵向认证。采用认证、加密、访问控制等技术措施实现数据的远方安全传输以及纵向边界的安全防护。

3.1.2.3　安全区域边界

（1）电力监控系统建立了纵深防御体系，形成从互联网、管理信息大区、生产控制大区的多道防护边界。

（2）生产控制大区与管理信息大区边界，通过部署电力专用横向单向安全隔离装置，禁止任何穿越生产控制大区和管理信息大区之间边界的通用网络服务，是最重要的一道边界防护。

（3）生产控制大区内部的安全区之间采用具有访问控制功能的设备、硬件防火墙或相当功能的设施实现了逻辑隔离。

（4）生产控制大区与广域网的纵向连接处，通过部署电力专用纵向加密认证装置或加密认证网关实现了数据传输的机密性和完整性保护。

（5）生产控制大区设置安全接入区，规范了无线公网接入准则。

（6）通过关键网络节点部署主机 agent 监控软件、入侵检测和恶意代码防护系统，并与网络安全管理平台实现告警联动，对主机非法外联起到了有效的监测，有效提高了发现和抵御网络入侵、病毒攻击行为。

电力监控系统安全防护总体框架结构示意图如图 3-2 所示。

3.1.2.4　安全计算环境

（1）生产控制大区逐步推广应用国产安全操作系统和数据库，对存量 Windows 操作系统制订了相应的安全加固手册。

（2）针对电力监控系统中服务器、工作站、数据库、网络及安全设备等，从身份鉴别、访问控制、安全审计等层面进行了有效的配置策略加固。

（3）关键业务主机部署可信验证模块，具备软件版本管理、可信审计、自保护和本地配置管理能力。

（4）电力监控系统部署恶意代码监测，提升了威胁防范能力。

（5）建立国调、网省两级攻防渗透队伍，定期开展渗透检查和攻防演练，有效发现电力监控系统存在的漏洞，并及时修补。

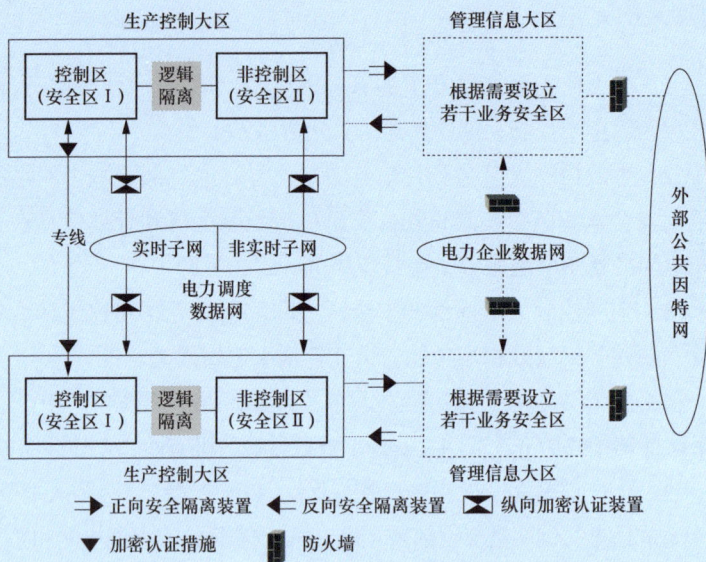

图 3-2　电力监控系统安全防护总体框架结构示意图

（6）通过网络安全管理平台建设，全面监控网络空间内计算机、网络设备、安防设施等设备上的安全行为，进一步完善了电力监控系统安全防护体系，如图 3-3 所示。

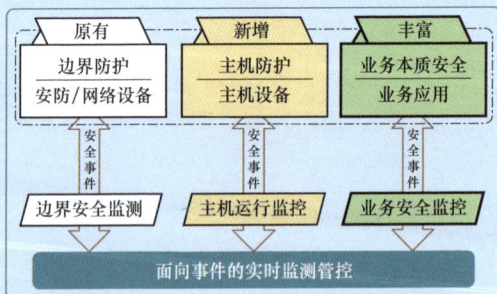

图 3-3　安全计算环境

3.1.2.5 安全管理中心

在充分利用现有电力监控系统及其安全防护设施的基础上，遵循"平台融入电网调度控制系统、监测装置作为变电站监控系统内在组成"的客观需要，按照"继承现有防护优势、创新发展监控技术、建设先进实用功能"的原则，开展电力监控系统网络安全管理平台建设。实现了源端设备直接感知"网络访问、设备接入、用户登录、重要操作"等电力监控系统四类核心安全事件，解决了设备运行状态监视、安全事件集中告警、审计记录统一展示、系统漏洞在线排查等需求，如图 3-4 所示。

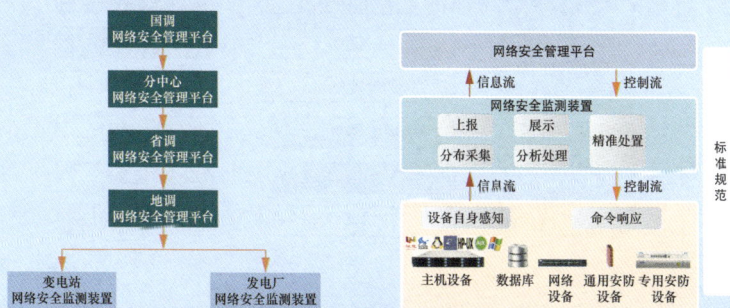

图 3-4　安全管理中心

3.1.2.6 安全管理体系

国调中心成立网络安全处，设立网络安全专责岗位，负责牵头组织开展电力监控系统网络安全建设管理工作，负责制订网络安全运行管理规则制度。

各网省、地市供电公司调控中心配备专职安全专责，实现既管业务又管安全。

在国家和行业网络安全标准规范的基础上，制订和发布了电力监控系统安全防护常态化管理等系列文件，有力推动了电力监控系统安全防护建设。

组建网络安全与调度自动化值班团队，建立了网络安全运行集中监测机制，开展 7×24 小时网络安全运行值班。

经过长期的建设，形成从安全管理制度、安全管理机构、人员安全管理、系统建设管理、系统运维管理五个层面较为完善的安全管理体系，如图 3-5 所示。

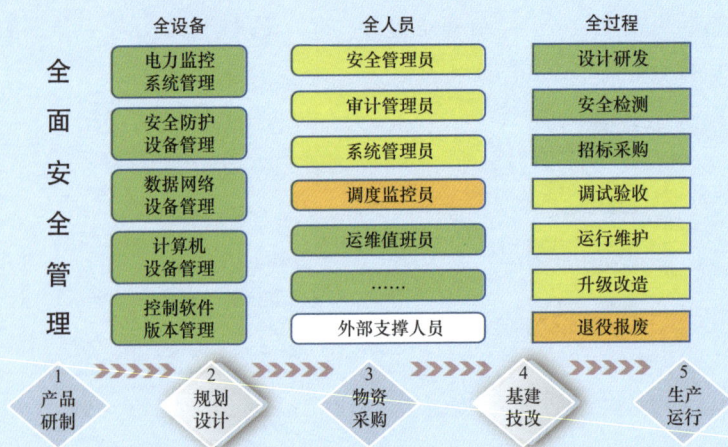

图 3-5 安全管理体系

3.2 网络攻击典型流程和方法

网络攻击一般分为以下阶段：①攻击者身份和位置隐藏；②目标系统信息收集；③漏洞信息挖掘分析；④目标使用权限获取；⑤攻击行为隐藏；⑥攻击实施；⑦开辟后门；⑧攻击痕迹清除，如图 3-6 所示。

确定目标

↓

收集信息

↓

踩点挖掘

↓

攻击网络或主机

↓

开辟后门

↓

清除日志

↓

结束攻击

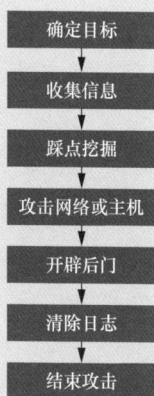

图 3-6 典型的网络攻击流程

（1）攻击者身份和位置隐藏。隐藏网络攻击者的身份及主机位置，可通过利用被入侵主机做跳板、伪造 IP 地址、免费网关代理等技术实现。

（2）目标系统信息收集。确定攻击目标并收集目标系统的有关信息，包括系统的一般信息（软件平台、硬件平台、用户、服务、应用等）、配置情况、系统口令安全性、系统提供服务的安全性等信息。

（3）漏洞信息挖掘分析。从收集到的目标信息提取可使用的漏洞信息，包括软件漏洞、通信协议漏洞等。

（4）目标使用权限获取。获取目标系统的普通或特权账户权限，运行特洛伊木马和窃听账号口令输入等。

（5）攻击行为隐藏。隐藏在目标系统的操作，防止攻击行为被发现，主要有以下方式：①连接隐藏：如冒充其他用户，修改logname 环境变量、修改登录日志文件，使用 IP 欺骗；②进程隐藏：如使用重定向技术减少 PS 给出的信息量、用特洛伊木马代替 PS 程序等；③文件隐藏：如利用字符串的相似来欺骗系统管理员。

（6）攻击实施：①信息访问和破坏，如使用、破坏和篡改信息；②资源利用，如攻击其他被信任的主机和网络；③系统破坏，如修改和删除重要数据。

（7）开辟后门。一次成功地入侵通常会耗费攻击者大量的时间与资源，因此攻击者在退出系统之前会在系统中制造一些后门，方便下次入侵。

（8）攻击痕迹清除。清除攻击痕迹，逃避攻击取证。

网络攻击典型方法：①口令入侵：是指使用某些合法用户的账号和口令登录到目的主机，然后实施攻击活动，这种方法前提是必须先得到该主机上的某个合法用户的账号，然后再进行合法用户口令的破译；②特洛伊木马：放置"特洛伊"木马程序能直接侵入用户的计算机并进行破坏，它常被伪装成工具程序或游戏等诱使用户打开带有"特洛伊"木马程序的邮件附件或从网上直接下载，当用户打开这些邮件的附件或执行了这些程序，它们就会像希腊神话《木马屠城记》中藏满士兵的木马一样留在用户计算机中，并在计算机系统中隐藏一个悄悄执行的程序，从而达到控制计算机的目的；③节点攻击：攻击者在突破一台主机后，往往以此主机为根据地，攻击其他主机；④安全漏洞：操作系统、网络协议或应用软件本身存在安全漏洞，如攻击者可利用缓冲区溢出，精心设置攻击字符串，从而拥有对整个网络的绝对控制权；⑤端口扫描：端口扫描就是逐个对一段端口或指定的端口进行扫描，通过扫描结果可知道主机提供了哪些服务，然后通过所提供服务的已知漏洞进行攻击；⑥社会工程学攻击：社会工程学攻击是一种利用"社会工程学"来实施的网络攻击行为，它利用人的弱点，以顺从你的意愿、满足你的欲望的方式，让人上当的一些方法、一门艺术与学问，近年来，利用社会工程学手段突破网络安全防御措施的事件，已经呈现出上升甚至泛滥的趋势；⑦供应链攻击：传统的供应链概念是指商品到达消费者手中之前各相关者的连接或业务的衔接，从采购原材料开始，制成中间产品以及最终产品，最后由销售网络把产品送到消费者手中的一个整体的供应链结构，近年来，涌现出了大量基于软硬件供应链的攻击案例，攻击者寻找不安全的网络协议、未受保护的服务器基础结构和不安全的编码做法，目标是利用供应链漏洞分发恶意软件，趁机攻击很难侵入的区域。

3.3　电力系统网络攻击典型案例

网络攻击直接导致电力供应中断的首个案例——乌克兰电网攻击事件。

3.3.1　事件回顾

2015 年 12 月 23 日下午，乌克兰首都基辅部分地区和乌克兰西部的 140 万名居民突然发现家中停电。这次停电不是因为电力短缺，而是遭到了黑客攻击。

3.3.2　攻击过程

Office 类型的漏洞利用（CVE-2014-4114）→邮件→下载恶意组件 BlackEnergy 侵入员工电力办公系统→ BlackEnergy 继续下载恶意组件（KillDisk）→擦除电脑数据破坏 HMI 软件监视管理系统。

3.3.3　事件分析

这是一起以电力基础设施为目标，以 BlackEnergy 等相关恶意代码为主要攻击工具，通过 BOTNET 体系进行前期的资料采集和环境预置，以邮件发送恶意代码载荷为最终攻击的直接突破入口。通过远程控制 SCADA 节点下达指令为断电手段，以摧毁破坏 SCADA

系统实现迟滞恢复和状态致盲，以 DDoS 服务电话作为干扰，最后达成长时间停电并制造整个社会混乱的具有信息战水准的网络攻击事件。乌克兰电网遭受黑客攻击示意图如图 3-7 所示。

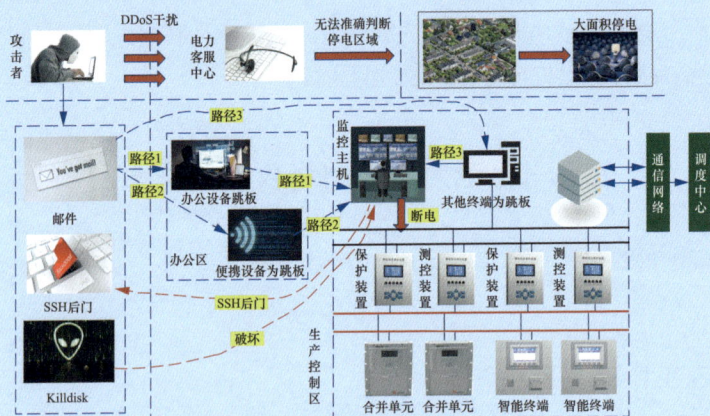

图 3-7　乌克兰电网遭受黑客攻击示意图

CHAPTER 4

提升安全意识，培养良好运维习惯

4.1 电力监控系统网络安全管控要点

4.1.1 电力行业网络与信息安全工作的目标

《电力行业网络安与信息安全管理办法》第二条规定：建立健全网络与信息安全保障体系和工作责任体系，提高网络与信息安全防护能力，保障网络与信息安全，促进信息化工作健康发展。

4.1.2 电力监控系统

《电力监控系统安全防护规定》（国家发展改革委 2014 年第 14 号令）中规定：电力监控系统是指用于监视和控制电力生产及供应过程的、基于计算机及网络技术的业务系统及智能设备，以及作为基础支撑的通信及数据网络等。

4.1.3 电力监控系统安全防护的主要原则

电力监控系统安全防护的主要原则是"安全分区、网络专用、横向隔离、纵向认证"。

4.1.4 电力监控系统安全分区的划分及其分区原则

《电力监控系统安全防护规定》（国家发展改革委 2014 年第 14 号令）中规定：发电企业、电网企业内部基于计算机和网络技术的业务系统，应当划分为生产控制大区和管理信息大区。生产控制大区可分为控制区（安全区Ⅰ）和非控制区（安全区Ⅱ），管理信息大区分为安全区Ⅲ和安全区Ⅳ。在纵向上应当避免不同安全区的交叉连接。《电力监控系统安全防护总体方案》（国能安全2015年第36号文）中规定：分区的原则是根据业务实时性、使用者、功能、场所、业务关系、通信方式以及影响程度等将业务系统或其功能模块置于相应的安全区。

（1）实时控制系统、有实时控制功能的业务模块以及未来有实时控制功能的业务系统应当置于控制区。

（2）应当尽可能将业务系统完整置于一个安全区内。可将其功能模块分置于相应的安全区中，经过安全区之间的安全隔离设施进行通信。

（3）不允许把应当属于高安全等级区域的业务系统或其功能模块迁移到低安全等级区域，但允许把属于低安全等级区域的业务系统或某功能模块放置于高安全等级区域。

（4）对不存在外部网络联系的孤立业务系统，其安全分区无特殊要求，但需遵守所在安全区的防护要求。

（5）对小型县调、配调、小型电厂和变电站的电力监控系统，可根据具体情况不设非控制区，重点防护控制区。

（6）对于新一代电网调度控制系统，其实时监控与预警功能模块应当置于控制区，调度计划和安全校核功能模块应当置于非控制区，调度管理功能模块应当置于管理信息大区。

4.1.5　电力专用横向单向安全隔离装置的分类和作用

《电力监控系统安全防护总体方案》（国能安全〔2015〕36号）规定：按照数据通信方向，电力专用横向单向安全隔离装置分为正向型和反向型。正向安全隔离装置用于生产控制大区到管理信息大区的非网络方式的单向数据传输。反向安全隔离装置用于从管理信息大区到生产控制大区的非网络方式的单向数据传输，是管理信息大区到生产控制大区的唯一数据传输途径。反向安全隔离装置集中接收管理信息大区发向生产控制大区的数据，进行签名验证、内容过滤、有效性检查等处理后，转发给生产控制大区内部的接收程序。专用横向单向隔离装置应该满足实时性、可靠性和传输流量等方面的要求。《电力监控系统安全防护规定》（国家发展改革委 2014 年第 14 号令）中规定：

在生产控制大区与管理信息大区之间必须设置经国家指定部门检测认证的电力专用横向单向安全隔离装置。

生产控制大区内部的安全区之间应当采用具有访问控制功能的设备、防火墙或者相当功能的设施，实现逻辑隔离。

安全接入区与生产控制大区中其他部分的连接处必须设置经国家指定部门检测认证的电力专用横向单向安全隔离装置。

4.1.6　纵向加密认证装置及加密认证网关的作用

《电力监控系统安全防护总体方案》（国能安全 2015 年第 36 号文）指出：纵向加密认证装置及加密认证网关是生产控制大区的广域网边界防护。纵向加密认证装置为广域网通信提供认证与加密功能，实现数据传输的机密性、完整性保护，同时具有安全过滤功能。加密认证网关除具有加密认证装置的全部功能外，还应实现对电力系统数据通信应用层协议及报文的处理功能。

4.1.7　电力监控系统网络安全管理平台应用功能

《电力监控系统网络安全管理平台应用功能规范（试行）》中规定：电力监控系统网络安全管理平台应用功能包括安全监视、安全告警、安全分析、安全审计、安全核查五类。

4.1.8 电力监控系统的危险源

（1）人员违规类。外部设备违规接入、系统违规外联、人员恶意操作等。

（2）外部入侵类。病毒传播、黑客入侵、敌对势力集团式攻击等。

（3）软硬件缺陷类。主机、网络、安防设备等硬件存在缺陷或发生故障，操作系统、数据库、应用系统等软件存在缺陷或发生异常。

（4）基础设施故障类。机房电源、空调等基础设施发生故障。

（5）自然灾害类。地震、火灾、洪灾等自然灾害。

4.1.9 电力信息系统的安全保护等级

《电力行业网络安全等级保护管理办法》（国能发安全规〔2022〕101号）规定，电力信息系统的安全保护等级分为5级。

第一级，受到破坏后，会对相关公民、法人和其他组织的合法权益造成一般损害，但不危害国家安全、社会秩序和公共利益。

第二级，受到破坏后，会对公民、法人和其他组织的合法权益产生严重损害或特别严重损害，或者对社会秩序和公共利益造成危害，但不危害国家安全。

第三级，受到破坏后，会对社会秩序和公共利益造成严重危害，或者对国家安全造成危害。

第四级，受到破坏后，会对社会秩序和公共利益造成特别严重危害，或者对国家安全造成严重危害。

第五级，受到破坏后，会对国家安全造成特别严重危害。

4.1.10 规范开展电力监控系统等级保护测评工作

根据《国家电网公司电力监控系统等级保护及安全评估工作规

范（试行）》（调网安 2018 年 10 号文）要求，电力监控系统建设完成后，电力监控系统各运营单位应依据国家及行业相关标准规范要求，按照规定的周期委托有资质的测评机构开展电力监控系统等级保护测评工作。当系统发生重大升级、等级变化、系统变更或迁移后需重新进行测评。

电力监控系统运营单位应当定期对电力监控系统安全状况、安全保护制度及措施的落实情况进行自查。第二级电力监控系统应当每两年至少进行一次自查，第三级电力监控系统应当每年至少进行一次自查，第四级电力监控系统应当每半年至少进行一次自查（根据等级保护 2.0 规定，第三级以上网络的运营者应当每年开展一次网络安全等级测评）。

4.1.11　规范开展电力监控系统安全评估工作

《国家电网公司电力监控系统等级保护及安全评估工作规范（试行）》（调网安 2018 年 10 号文）中规定：对于第三、第四级电力监控系统，应结合等级保护测评工作委托测评机构同步开展安全防护评估，评估周期最长不超过 3 年。单个评估周期内，电力监控系统运营单位应每年组织开展一次自评估工作。对于第二级电力监控系统，应定期开展安全评估工作。评估方式一般采用自评估，评估周期最长不超过 2 年，也可根据需要委托专业机构进行评估。第三、第四级电力监控系统投运前或发生重大变更时，应由其建设或技改实施单位负责组织开展上线评估工作，具体实施可委托专业评估机构进行；第二级电力监控系统上线安全评估可按要求自行组织开展。

4.1.12　电力监控系统等级保护测评机构的选择

《国家电网公司电力监控系统等级保护及安全评估工作规范

（试行）》（调网安 2018 年 10 号文）中规定：对于第三级系统，应优先选择电力行业等级保护测评机构或具备 3 年以上电力监控系统安全服务经验的测评机构开展测评；对于第四级系统，应选择电力行业等级保护测评机构且具备 5 年以上电力监控系统安全服务经验的测评机构开展测评。

4.1.13 电力监控系统主机加固的方式

主机加固方式包括安全配置、安全补丁、采用专用软件强化操作系统访问控制能力及配置安全的应用程序。

4.1.14 电力监控系统网络安全事件分级

《国家电网有限公司电力监控系统网络安全事件应急预案》中规定：根据电力监控系统网络安全事件的危害程度和影响范围，将电力监控系统网络安全事件分为特别重大、重大、较大、一般四级。

4.1.15 《国家电网公司电力监控系统网络安全运行管理规定》中对网络安全事件处置及报告要求

（1）运行值班人员发现网络安全事件，应采取紧急防护措施，防止事件扩大，并立即向相应运行管理部门报告。

（2）运行管理部门应判断网络安全事件级别，启动相应应急处置流程，组织相关单位开展应急处置，并报送至调控中心，调控中心根据事件级别按要求逐级上报。

（3）网络安全事件处置过程中，相关部门应每日按要求报告事件处置进展；处置完毕后，及时报告处置结果，并于处置完毕后 1 日内报送网络安全事件分析报告。

（4）发生重大及以上网络安全事件并有可能遭受监管处罚的，相关部门应将事件处置结果抄告合规管理部门知悉。

4.1.16　建设单位在电力监控系统投运前的工作

依据《国家电网有限公司电力监控系统网络安全管理规定》，电力监控系统投运前，应由建设管理部门委托专业测评机构开展上线等级保护测评及安全评估工作，测评合格并经验收通过后方可投入运行。

4.1.17　并网电厂安全防护实施方案重点审查的内容

《并网电厂电力监控系统涉网安全防护技术监督工作规定（试行）》（调网安〔2019〕11号文）中规定，电力调控机构应重点审查：

（1）查网络拓扑。包括电厂与调度机构、远程运维机构、其他行业以及内部不同安全区之间的网络连接和安全防护措施。

（2）查系统本体。审查电力监控系统涉网部门的主机、网络、安全设备，禁止选用经认定存在漏洞和风险的系统，应采用升级补丁、关闭不必要的服务和端口以及启用安全策略等防护措施。

（3）查安全监测。应部署安全监测装置，审查主机、网络、安全设备及数据库的接入情况，审查本地监视功能。

（4）查安全管理。审查管理制度建设情况，包括职责分工、资产管理、值班巡视、日常运维、应急响应以及风险管控等方面内容。

4.1.18　调控机构在并网电厂投运前组织涉网安全防护现场验收工作时的重点检查内容

《并网电厂电力监控系统涉网安全防护技术监督工作规定（试行）》（调网安〔2019〕11号文）中规定，电力调控机构应重点检查：

（1）并网电厂电力监控系统涉网部分边界防护措施落实、安全防护设备部署及策略配置情况。

（2）并网电厂电力监控系统涉网部分设备选型以及软硬件安全防护情况。

（3）并网电厂电力监控系统涉网部分网络安全监测装置的部署以及信息采集覆盖情况。

（4）并网电厂电力监控系统涉网部分管理制度落实情况。

4.1.19　新能源场站电力监控系统接入汇聚站、集控中心时的要求

《并网新能源场站电力监控系统涉网安全防护补充方案》（调网安〔2018〕10号文）中规定：

汇聚站至各个场站，集控中心至各个场站，应部署电力专用纵向加密认证装置或加密认证网关。安全设备配置策略必须现场验证确认。安全防护实施方案必须经调控机构审核。集控中心与站端监控系统的数据传输通道应与其他数据网物理隔离，应采用不同通道、不同光波长、不同纤芯等方式。

4.1.20　新能源场站电力监控系统户外就地采集终端防护的要求

《并网新能源场站电力监控系统涉网安全防护补充方案》（调网安〔2018〕10号文）中规定：新能源场站须加强户外就地采集终端（如风机控制终端、光伏发电单元测控终端等）的物理防护，强化就地采集终端的通信安全。站控系统与终端之间网络通信应部署加密认证装置，实现身份认证、数据加密、访问控制等安全措施。终端连接的网络设备需采取IP/MAC地址绑定等措施，禁止外部设备的接入，防止单一风机或光伏发电单元的安全风险扩散到站控系统。生产控制大区严禁任何具有无线通信功能设备的直接接入。站控系统与就地终端的连接使用无线通信网或者基于外部公用数据网

的虚拟专用网路（VPN）等的，应当设立安全接入区。安全接入区
与生产控制大区连接处应部署电力专用单向隔离装置，实现内外部
的有效隔离。

4.1.21　《电力监控系统安全防护规定》（国家发改委第14号令）中电力监控系统范围

《电力监控系统安全防护规定》（国家发展改革委2014年第14
号令）中规定：电力监控系统具体包括电力数据采集与监控系统、
能量管理系统、变电站自动化系统、换流站计算机监控系统、发电
厂计算机监控系统、配电自动化系统、微机继电保护和安全自动装
置、广域相量测量系统、负荷控制系统、水调自动化系统和水电梯
级调度自动化系统、电能量计量系统、实时电力市场的辅助控制系
统、电力调度数据网络等。

4.1.22　运维单位应做好的日常运维工作

依据《国家电网公司电力监控系统网络安全管理规定》，运维
单位应做好以下日常运维工作：①日常巡视，做好记录；②策略变
更，履行流程；③发现异常，及时处置；④安全加固，漏洞修复。

4.1.23　对电力监控系统网络安全管理平台的安全要求

《国调中心关于印发〈电力监控系统网络安全管理平台基础支撑
功能规范（试行）〉等2项规范的通知》（调网安〔2017〕150号文）
中规定：平台主机应采用安全操作系统并经安全加固，系统权限三
权分立，软件非root运行，数据纵向加密。

4.1.24　电力监控系统废弃阶段安全评估内容

电力监控系统的废弃阶段可分为部分废弃和全部废弃。废弃阶

段安全评估包括：

（1）系统软、硬件等资产及残留信息的废弃处置。

（2）废弃部分与其他系统（或部分）的物理或逻辑连接情况。

（3）在系统变更时发生废弃，还应当对变更的部分进行评估。

本阶段应当重点分析废弃资产对组织的影响，对由于系统废弃可能带来的新的威胁进行分析。

4.2　典型违章现象及应对措施

4.2.1　违章定义

（1）管理违章。管理违章是指各级领导、管理人员不履行岗位安全职责，不落实安全管理要求，不健全安全规章制度，不执行安全规章制度等的各种不安全作为。

（2）行为违章。行为违章是指现场作业人员在电力建设、运行、检修、营销服务等生产活动过程中，违反保证安全的规程、规定、制度、反事故措施等的不安全行为。

4.2.2　未建立电力监控系统安全防护管理制度，未落实分级负责的责任制，属于哪种违章

属于管理违章，违反《电力监控系统安全防护规定》第十四条："建立健全电力监控系统安全防护管理制度"。应对措施：按照《电力监控系统安全防护规定》的要求，完善本单位电力监控系统安全防护管理制度，明确责任部门，设立专兼职岗位，定义岗位职责，明确人员分工和技能要求。加强对下一级调度机构、变电站、发电厂涉网部分电力监控系统安全防护的技术监督。

4.2.3　生产控制大区业务系统内部使用带有无线通信功能的设备，属于哪种违章

属于行为违章，违反《电力监控系统安全防护规定》第十三条："生产控制大区除安全接入区外，应当禁止选用带有无线通信功能的设备"。应对措施：电力监控系统生产控制大区业务系统所有使用的无线设备应立即拆除或更换，禁止生产控制大区业务系统通过无线网络连接终端。加大检查力度，对违反规定的行为严肃考核。

4.2.4　生产控制大区中的重要业务系统用户账户未采用调度数字证书及安全标签进行加密认证，属于哪种违章

属于行为违章，违反《电力监控系统安全防护规定》第十二条："依据电力调度管理体制建立基于公钥技术的分布式电力调度数字证书及安全标签，生产控制大区中的重要业务系统应当采用认证加密机制"。应对措施：提高调度数字证书系统实用化应用水平，加强生产控制大区人员账户管理，定期组织对调度数字证书使用情况进行检查，对发现的问题要求立即整改。

4.2.5　生产控制大区纵向边界未部署经过国家指定部门检测认证的电力专用纵向加密认证装置或者加密认证网关，属于哪种违章

属于行为违章，违反《电力监控系统安全防护规定》第十条："在生产控制大区与广域网的纵向连接处应当设置经过国家指定部门检测认证的电力专用纵向加密认证装置或者加密认证网关及相应设施"。应对措施：严格按照《电力监控系统安全防护规定》的要求，部署经过国家指定部门检测认证的电力专用纵向加密认证

装置或者加密认证网关，并接入网络安全管理平台。定期检查设备是否部署到位。

4.2.6 电力系统安全防护实施方案缺失，属于哪种违章

属于管理违章，违反《电力监控系统安全防护规定》第十五条："安全防护实施方案必须经上级部门批准"的规定。应对措施：电力调度机构、发电厂、变电站等运行单位须编制完备的安全防护实施方案，并提交上级调度机构及相关专业管理部门审核，严格按照审核后的方案执行。

4.2.7 220kV及以上变电站生产控制大区未进行安全分区，属于哪种违章

属于行为违章，违反《变电站监控系统安全防护方案》第三节"220kV及以上变电站监控系统的生产控制大区应设置控制区和非控制区"。应对措施：定期组织对变电站生产控制大区进行安全分区检查，对发现的问题要求立即组织整改。

4.2.8 电力监控系统未开展安全防护评估工作，未及时进行等级保护测评，属于哪种违章

属于行为违章，违反《电力监控系统安全防护规定》第十六条："建立健全电力监控系统安全防护评估制度，采取以自评估为主、检查评估为辅的方式，将电力监控系统安全防护评估纳入电力系统安全评价体系"。应对措施：完善自评估、检查评估制度，常态化开展评估和检查工作。建立等级保护备案机制，定期开展等级保护测评。对等级保护测评中发现的问题及时制定整改方案，并督促检查整改落实情况。

4.2.9　未制订电力监控系统网络信息安全的应急预案或未按期开展应急演练，属于哪种违章

属于管理违章，违反《电力监控系统安全防护规定》第十七条："各单位应建立健全电力监控系统网络安全应急机制，编制电力监控系统网络安全事件专项应急预案，定期开展应急演练"。应对措施：编制电力监控系统网络安全事件专项应急预案，定期组织开展演练，根据演练情况不断完善应急预案。

4.2.10　电力监控系统违规外联，属于哪种违章

属于行为违章，违反《国家电网公司十八项电网重大反事故措施》第16.2.2.4条："应按照要求对电力监控系统主机及网络设备进行安全加固，关闭空闲的硬件端口，关闭生产控制大区禁用的通用网络服务"和第16.2.2.6条"生产控制大区各业务系统的调试工作，须采用经安全加固的便携式计算机及移动介质，严格按照调度分配的安全策略和网络资源实施；禁止以各种方式与互联网连接或跨安全大区直连"。应对措施：应加强电力监控系统安全防护工作，坚持"安全分区、网络专用、横向隔离、纵向认证"原则，保障电力监控系统安全运行。逐级签订《变电站（发电厂）电力监控系统网络安全责任状》；定期开展对调度数据网封堵的专项检查，并设立专属的手机、笔记本等外联设备充电区域，降低工作人员的误接风险。

4.2.11　对发现的安防告警未按要求及时处理，属于哪种违章

属于行为违章，违反《国家电网公司电力监控系统网络安全运行管理规定》第十五条："发现紧急告警应立即处理，重要告警应

在 24 小时内处理，多次出现的一般告警应在 48 小时内处理"。应对措施：严格按照规定时间，及时处理各级安防告警信息，对因未及时处理造成网络安全事件的，应严肃考核。

4.2.12　地级以上运行管理部门未开展 7×24 小时网络安全运行值班，属于哪种违章

属于管理违章，违反《国家电网公司电力监控系统网络安全运行管理规定》第九条："地级以上运行管理部门应建立或委托支撑单位组建运行值班队伍，开展值班人员上岗资格认证，实施 7×24 小时网络安全运行集中监测"。应对措施：建立 7×24 小时网络安全运行值班机制，完善运行值班各项管理制度，提升网络安全运行值班管理水平。建立网络安全运行值班常态化考评机制，发现问题立即整改。

4.2.13　未经归口管理部门批准，进行系统或设备接入生产控制大区调试工作，属于哪种违章？

属于行为违章，违反《国家电网公司电力监控系统网络安全运行管理规定》第二十七条："运维单位应严格管控生产控制大区移动介质和外部设备的接入，禁止生产控制大区设备与互联网违规连接；严格管控生产控制大区拨号访问和远程运维，确需使用的，应按要求落实技术和管理措施，并严格实施监控和审计"。应对措施：加强系统或设备接入生产控制大区安全防护管理。严禁未经管理部门批准，擅自开展接入调试工作，对违章行为进行严肃考核。

4.2.14　参与公司系统所承担电力监控系统工作的外来作业人员不熟悉规程，未经考试通过且未得到电力监控系统运维单位认可就开展工作，属于哪种违章？

属于行为违章，违反《国家电网公司电力安全工作规程（电力监控部分）》第 2.1.4 条："参与公司系统所承担电力监控系统工作的外来作业人员应熟悉本规程，经考试合格，并经电力监控系统运维单位（部门）认可后，方可参加工作"。应对措施：加强电力监控系统外来作业人员准入控制，严格确认人员的身份和能力，确保对规程熟悉且经考试通过和运维单位认可方可开展工作。

4.2.15　新设备或业务系统接入前未经电力监控系统归口管理部门批准，属于哪种违章

属于管理违章，违反《国家电网公司电力安全工作规程（电力监控部分）》第 5.1 条："设备、业务系统接入生产控制大区或安全Ⅲ区应经电力监控系统归口管理单位（部门）批准"。应对措施：加强新设备接入流程管控，电力监控系统归口管理部门确认满足安全要求后方能接入对应网络区域，严禁私自违规接入情况发生。

4.2.16　电力监控系统上工作未使用专用的调试计算机及移动存储介质且调试计算机接入了外网，属于哪种违章？

属于行为违章，违反《国家电网公司电力安全工作规程（电力监控部分）》第 5.3 条："电力监控系统上工作应使用专用的调试计算机及移动存储介质，调试计算机严禁接入外网"。应对措施：加强电力监控系统工作管理要求的宣贯，做好监督检查，开工前对调试计算机和移动介质等工具进行确认，确保是专用且未接入外网的设备。

4.2.17　电力调度数字证书系统接入外部网络，属于哪种违章

属于行为违章，违反《国家电网公司电力安全工作规程（电力监控部分）》第5.5条："禁止电力调度数字证书系统接入任何网络"。应对措施：严格管理电力调度数字证书系统，保证其与任何网络独立运行，禁止其主机与一切外部网络区域存在连接。

4.2.18　电力监控系统中存在未经安全认证的第三方软件，属于哪种违章

属于行为违章，违反《国家电网公司电力安全工作规程（电力监控部分）》第5.6条："禁止在电力监控系统中安装未经安全认证的软件"。应对措施：落实电力监控系统应用软件准入控制，仅允许安装经过安全认证的软件，未经认证的软件或系统严禁安装或接入。

4.2.19　在电力监控系统的正式运行环境中进行新设备研发及测试工作，属于哪种违章

属于行为违章，违反《国家电网公司电力安全工作规程（电力监控部分）》第5.7条："禁止在电力监控系统运行环境中进行新设备研发及测试工作"。应对措施：保障电力监控系统运行稳定，加强运行管理要求宣贯，严禁在电力监控系统正式运行环境中开展一切新设备研发或测试工作。

4.2.20　在对电力监控系统中安全设备的特征库或防病毒软件病毒库进行更新时直接通过互联网进行，属于哪种违章

属于行为违章，违反《国家电网公司电力安全工作规程（电力

监控部分）》第 5.8 条："禁止直接通过互联网更新安全设备特征库、防病毒软件病毒库"。应对措施：加强电力监控系统设备更新升级管理要求宣贯，严禁违规连接互联网；对更新升级需求采取离线方式进行，离线升级应使用专用安全移动介质且接入前进行杀毒等安全处理。

4.2.21 电力监控系统投运前，存在临时账号、临时数据、默认账号和默认口令等，属于哪种违章

属于行为违章，违反《国家电网公司电力安全工作规程（电力监控部分）》第 5.9 条："电力监控系统投运前，应删除临时账号、临时数据，并修改系统默认账号和默认口令"。应对措施：严格落实电力监控系统安全防护标准化管理要求，在系统投运前删除系统中（操作系统、数据库系统、应用系统等）存储的临时账号和信息，修改默认账户的账户名和密码且密码满足复杂度和强度要求。

4.2.22 电力监控系统设备变更用途或退役时未对其中数据进行擦除和销毁，属于哪种违章

属于行为违章，违反《国家电网公司电力安全工作规程（电力监控部分）》第 5.10 条："电力监控系统设备变更用途或退役，应擦除或销毁其中数据"。应对措施：电力监控系统设备变更用途或退役前，严格执行相关流程，安排专人分别执行和监督对设备内存储的所有数据进行清除的操作，并进行签字确认。

4.2.23 在电力监控系统上进行板件更换、软件升级、配置修改等工作前，未提前核对设备的型号、规格及软件版本信息等，属于哪种违章

属于行为违章，违反《国家电网公司电力安全工作规程（电力

监控部分)》第 5.12 条："在电力监控系统上进行板件更换、软件升级、配置修改等工作前，应核对型号、规格及软件版本信息等"。应对措施：在电力监控系统上进行板件更换、软件升级、配置修改等工作前，严格核对被调整对象的型号、规格及版本信息等，确保所执行的操作或变更适用于被调整对象，防止出现差错。

4.2.24 对电力监控系统开展巡视时擅自调整机房动力环境设备运行状态，发现问题后未及时上报，属于哪种违章

属于行为违章，违反《国家电网公司电力安全工作规程（电力监控部分)》第 6.1 条："巡视时不得改变电力监控系统和机房动力环境设备的运行状态。发现异常问题时，应立即报告电力监控系统运维单位（部门)"。应对措施：严格落实安全巡视管理制度，巡视过程中严禁擅自进行任何操作，一旦发现问题立即向运维单位上报，进入问题处理流程。

4.2.25 电力监控系统账号密码存在默认口令或弱口令，属于哪种违章？

属于行为违章，违反《国家电网公司电力安全工作规程（电力监控部分)》第 6.4 条："电力监控系统账号的密码应满足口令强度要求"。应对措施：严格落实电力监控系统安全配置标准化管理要求，系统中账户的密码满足复杂度要求，应长度大于 8 位，为字母、数字或特殊字符的组合，且密码应定期更换，严禁存在默认口令、空口令等。

4.2.26　网络与安全设备停运、断网、重启操作前，未对该设备所承载的业务是否可以停用或已转移进行确认，属于哪种违章

属于行为违章，违反《国家电网公司电力安全工作规程（电力监控部分）》第 7.1 条："网络与安全设备停运、断网、重启操作前，应确认该设备所承载的业务可停用或已转移"。应对措施：在电力监控系统网络与安全设备进行停运、断网或重启操作前，严格确认被调整的设备所承载的业务是否可停用或是否已将业务切换到其他链路上，防止因操作不当引起的业务中断等问题。

4.2.27　对电力监控系统安全设备进行操作时，绕过安全设备将两侧网络直连，属于哪种违章

属于行为违章，违反《国家电网公司电力安全工作规程（电力监控部分）》第 7.3 条："在安全设备进行工作时，严禁绕过安全设备将两侧网络直连"。应对措施：维护电力监控系统边界防护强度，在对安全设备进行工作时，应切换到冗余链路，严禁绕过安全设备将两侧网络直连。

4.2.28　网络和安防设备配置协议及策略存在冗余或限制范围过宽等情况，属于哪种违章

属于行为违章，违反《国家电网公司电力安全工作规程（电力监控部分）》第 7.4 条："网络和安防设备配置协议及策略应遵循最小化原则"。应对措施：对电力监控系统网络和安防设备的协议和策略在配置过程中严格遵循最小化原则，严禁出现多余、过宽或无效策略。

4.2.29　杀毒软件进行更新和升级时，影响操作系统及业务系统的功能，属于哪种违章

属于行为违章，违反《国家电网公司电力安全工作规程（电力监控部分）》第 8.4 条："杀毒软件进行更新和升级时，应确保不影响操作系统及业务系统的功能"。应对措施：对杀毒软件进行更新和升级时，先在测试环境中进行操作，测试杀毒软件更新或升级后是否对原业务系统存在影响，确保安全无误后方可在运行环境中执行。

4.2.30　未对数据库用户连接数进行限制且用户变更后，未及时取消相应账号权限，属于哪种违章

属于行为违章，违反《国家电网公司电力安全工作规程（电力监控部分）》第 9.2 条："数据库应设置、开启用户连接数限制。数据库用户变更后，应取消相应的数据库账号权限"。应对措施：细化数据库安全配置，对数据库用户连接数进行限制，用户账户发生变更后，应同步对其账号权限进行相应调整。

CHAPTER 5

电力监控系统安全发展新技术

5.1 渗透测试概述

5.1.1 渗透测试

渗透测试就是一种通过模拟恶意攻击者的技术与方法，挫败目标系统安全控制措施，取得访问控制权并发现业务安全隐患的一种安全测试与评估方式。

5.1.2 渗透测试几类

（1）黑盒测试。黑盒测试也称为外部测试，模拟一个对客户组织一无所知的攻击者所进行的渗透攻击。

（2）白盒测试。白盒测试也称为内部测试，渗透测试者在拥有客户组织所有知识情况下所进行的渗透测试。

（3）灰盒测试。以上两种渗透测试的组合，能提供对目标系统更加深入和全面的审查。

5.1.3 渗透测试环节

（1）前期交互阶段。该阶段通常收集客户需求、准备测试计划、定义业务目标等。

（2）情报搜集阶段。该阶段需要采用各种可能方法搜集将要攻击的客户组织信息。

（3）威胁建模阶段。该阶段确定出最为高效攻击方法以及从哪里攻破目标系统。

（4）漏洞分析阶段。该阶段重点分析端口和漏洞扫描结果。

（5）渗透攻击阶段。该阶段真正对目标系统实施渗透攻击。

（6）后渗透攻击阶段。该阶段以特定的业务系统作为目标，寻找客户组织最具价值的信息和资产，激发灵感并达成设置的攻击目标。

（7）报告阶段。该阶段向客户组织提供测试报告，同时站在防御者角度分析安全防御体系中的薄弱环节、存在问题，并提供整改方案。

渗透测试要点梳理如图 5-1 所示。

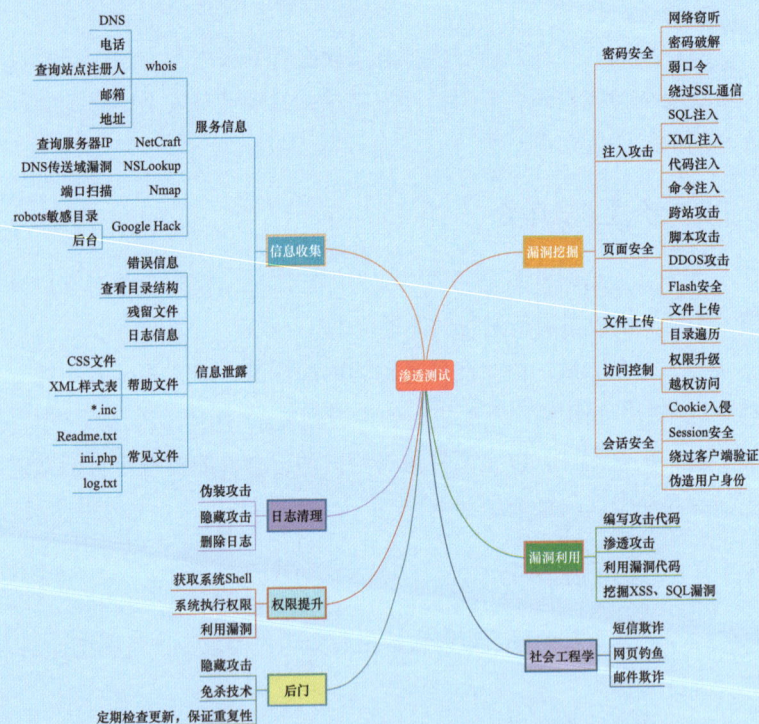

图 5-1　渗透测试要点梳理

5.2　人工智能赋能网络安全

人工智能与网络空间安全的交互融合，表现了"赋能"效应，极大地推动了网络空间攻防对抗的发展，引发新的安全威胁，催生新的对抗手段。

5.2.1　人工智能网络攻击特征

（1）利用人工智能学习环境特征，增强攻击的隐蔽性与适应性。首先，攻击者利用人工智能学习目标网络环境中正常的数据内容、传输频率、传递方法等环境特征，然后参考环境特征来选择合适的攻击手段，将攻击数据伪装成目标网络中具有正常特征的普通数据，将攻击行为伪装成目标网络中正常用户的网络行为，从而实现环境自适应的攻击行为，增强攻击的隐蔽性和适应性。

（2）利用人工智能增强分布式协作效果，提高攻击的鲁棒性。攻击者引入分布式智能协同算法，将传统的由智能中心统一调度分布式攻击实体开展协作攻击，演化为无中心的分布式多智能攻击实体的自主协同和群体决策，从而提高多个分布式攻击节点之间的协作效率，降低对中心化协同调度的依赖性，减少攻击反制的风险，提升攻击的鲁棒性。

（3）利用人工智能实现攻击方式的自我进化，提升攻击的有效性。攻击者利用人工智能分析不同攻击方式下的攻击效果及防御方的可能应对措施，进而针对防御方的弱点自动选择新的攻击机制，据此实现攻击方式的智能进化。例如，攻击者可将防御方入侵检测系统的结果作为反馈，采用人工智能技术对反馈数据进行收集和建模分析，建立攻击效果模型，动态调整合适攻击方式，规避入侵检测系统。

5.2.2　应对建议

（1）强化研究与应用，推动智能化网络攻防体系建设和能力升级。加快人工智能技术在国家、重要行业关键信息基础设施安全防护方面的体系化应用，整体性完成智能化升级换代，大幅提升关键信息基础设施安全保障、网络安全态势感知、网络安全防御、网络威慑的能力水平。为管控人工智能带来的新型网络安全威胁，应加强相关法律法规建设，规范人工智能网络安全健康发展，延缓并阻止与特定威胁相关的活动。

（2）加强共享和利用，破解人工智能网络攻防技术体系建设的数据难题。人工智能训练数据集既是人工智能安全研究中最有价值的数字资产，又是关乎人工智能安全能力建设成功与否的战略资产。然而，目前人工智能安全训练数据缺乏安全、可控、可追溯的手段进行共享利用，这成为限制人工智能攻防技术快速发展的重要因素之一。建议以国家实验室等权威机构为依托，利用区块链等新型技术构建人工智能数据靶场，形成安全可信、激励机制合理的共享利用框架，促进人工智能数据资产的有效利用，落实以数据为中心的人工智能网络攻防技术发展路径。

（3）加强对抗和评估，促进人工智能网络攻防技术实用性发展。人工智能攻防属于持续对抗升级的技术，实际应用效果依赖对抗环境的全面性和真实性。然而由于科研条件尚不充分，现有人工智能攻防技术研究难以复现实际的攻防对抗环境，对人工智能自动化攻防技术从理论走向实际构成明显制约。建议以国家实验室等权威机构为依托，构建人工智能攻防对抗靶场，通过权威评估、技术挑战赛、测试验证等形式，有效推动人工智能网络攻击、自动化漏洞发现与利用的效能评估和对抗分析，促进人工智能攻防技术加速朝着实用方向发展。

5.3　电力监控系统作业网络安全"十禁止"

（1）禁止未经允许在电力监控系统上开展作业。

机房

（2）禁止未经电力监控系统安全知识教育或安规考试的人员参与电力监控系统现场作业。

机房

未经允许
禁止入内

智能电网调度控制系统

智能电网调度控制系统

技术支持

考试不合格

未经安全知识教育

（3）禁止在电力监控系统上使用非专用调试终端及存储介质，或将调试终端接入外网。

（4）禁止未经许可关闭、重启安全设备，或绕过边界安全设备将两侧网络直连。

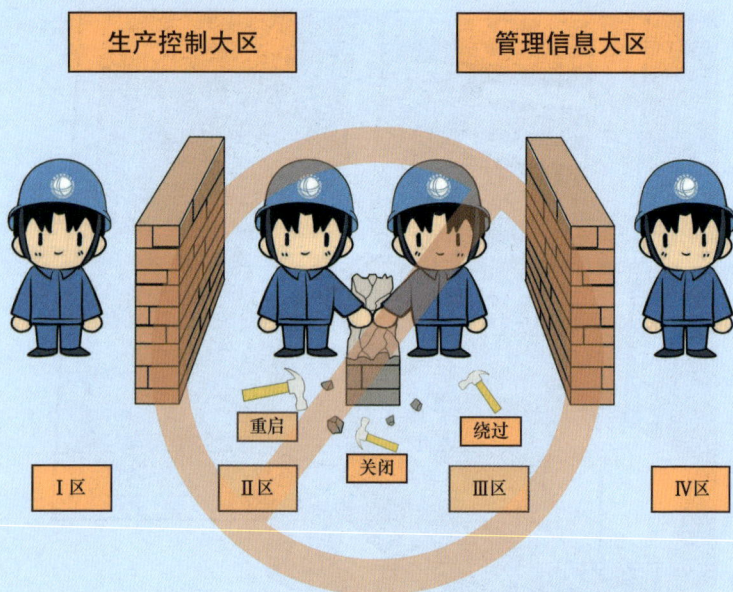

生产控制大区　　　　　　　管理信息大区

重启　　　绕过

关闭

Ⅰ区　　　Ⅱ区　　　Ⅲ区　　　Ⅳ区

（5）禁止将电力监控系统主机以任何方式违规连接互联网等外部网络，例如通过 USB 接口连接手机、无线网卡等通信设备。

（6）禁止作业过程中对电力监控系统设备及业务系统设置弱口令。

（7）禁止设备开启空闲硬件端口及高危网络服务。

（8）禁止通过互联网更新软硬件补丁和安全设备的特征库、规则库等。

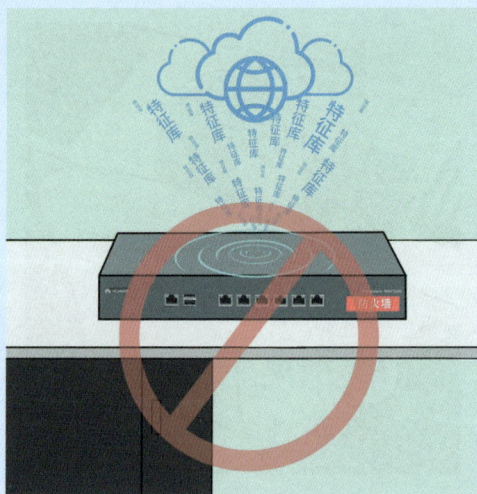

（9）禁止将安全设备访问控制策略设置范围过大，或在纵向加密装置上使用明文通信。图：明通改为明文，多个安检口。

（10）禁止对外泄漏电力监控系统网络拓扑、安防方案、漏洞信息和账号密码等敏感信息。

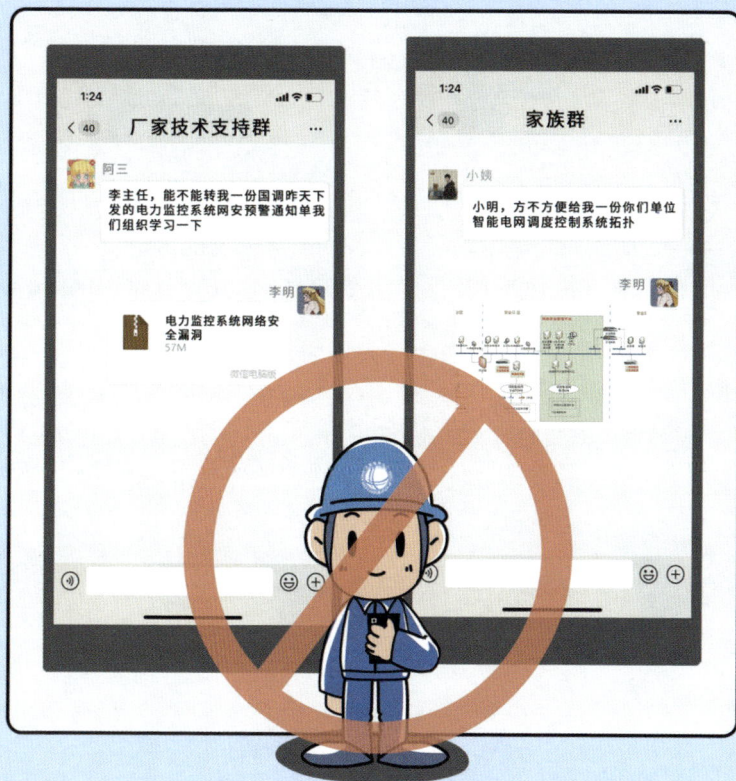

参考文献

［1］杨合庆.中华人民共和国网络安全法解读［M］.北京：中国法制出版社，2017.

［2］李明节，等.电网调度运行安全生产百问百查［M］.北京：中国电力出版社，2022.

［3］李明节，等.电网调度机构反违章指南［M］.北京：中国电力出版社，2022.

［4］方滨兴，时金桥，王忠儒，等.人工智能赋能网络攻击的安全威胁及应对策略［J］.中国工程科学，2021，23（03）：60-66.